産経NF文庫
ノンフィクション

日本に自衛隊がいてよかった

自衛隊の東日本大震災

桜林美佐

潮書房光人新社

文庫版のはじめに

２０１５年の年末、クリスマスも過ぎ、あとは年越しを待つばかりという時に君塚栄治・元陸幕長の訃報が届きました。肺癌のため63歳の若さで亡くなったのです。

東日本大震災時に東北方面総監だった君塚さんは統合任務部隊指揮官として陸海空自衛隊の指揮を執りました。その激動の日々も、そしてその後に陸上幕僚長に抜擢されたことも、ご本人にとって目まぐるしい運命の数年間となったであろうことは想像に難くありませんでしたが、まさか病魔と闘っていたとは、夢にだに知りませんでした。

「彼も、震災の被災者と言っていいのかもしれないね……」と先輩ＯＢの方が呟いた言葉が妙に耳に残っています。それだけ大きなストレスを背負っていたということなのです。

被災地で活動する隊員さんたちがどれほど大変な環境下に置かれているか、その後、度重なる災害においてSNSなどでもずいぶん知られるようになりました。しかし、指揮官がいかなるストレスの中にいるかは本人以外は分かりません。上に立つ人に交代がないことは当時から懸念されていましたが、指揮官が抱える苦悩についてもまた、代れる人はいないのです。

震災発生から2カ月が経とうとしていた5月に、私は仙台の東北方面総監部を訪れました。まだ終日、各所で陸海空の災害派遣活動が続けられていた最中でした。毎朝、記者ブリーフィングが行われ、それが終わるや報道陣の皆さんは各地の現場に出ていきます。

私だけは、皆さんと行きたい場所が常に違っていて、その日は総監部に残っていました。すると、強風のためにヘリが飛べなくなったということで、予定が中止となった君塚総監とたまたま少しお話ができることになったのです。

ちょうど終わったばかりなのでどうぞということで、会議をしていた部屋に入ると、皆さんが戦闘服とヘルメット姿でした。ああミーティング中もこんな格好では肩がこるだろうなあと思ったことを覚えています。でも、天井や壁が突然落ちてくることがあるので、実際それを被っていないと危ない状況だったのです。また、いつ余震が襲ってくるか分からない時でもありました。

「あの、えっと……、本当に、ご苦労様です……」

そんなようなことを言ったような気がします。この頃、多くの取材陣が総監との面会や取材を求めて報道担当者に詰め寄っていたのを目の当たりにしていましたので、思いがけないこととはいえ、こうして総監と対面することはとても申し訳ない気持ちでしたし、外部と接触を遮断せざるを得ない多忙な方を相手に、私はどんなことを話せばいいのかと瞬間的に考えました。そこで思いついたのが次の質問です。

「総監は、ケーキ屋さんで働いていたって聞いたのですが、本当ですか？」

この、かなり場違いな質問にはかなり驚かれたようでしたが、私はこのユニークな経歴を聞いていたので、ぜひ詳しく聞かせてもらいたいと思っていましたし、毎日、辛い現場のことで頭がいっぱいであろうその場の皆さんに、少しでも違うことに関心を向けてもらったらいいのではないかと及ばずながら考えたのです。

「よくご存じですねえ」

と、それからつかの間のたわいもない話をしました。

総監は東京の高校を卒業後、家庭の事情などがあり一時期、新宿の伊勢丹にあるケーキ屋さんで働いていたそうです。といってもケーキ職人の「見習い」ですから、ひたすら卵を割り、重い小麦粉の袋を運ぶ日々。見込みがあったのか、店主は本格的にケーキ作りの道に進むことを勧めたそうですが、ご本人は防衛大学校を受験し、自衛官になることを決意したのです。

そういう、裏方作業を経験してきたからでしょうか、私が業務隊などのいわば裏方の皆さんを訪ね歩いていることに、珍しいヤツだなあと思いながらも共感して下さったのかもしれません。実際、総監ご自身が業務隊や補給処にずいぶんと気配りをされていたとも聞きます。

「久しぶりに総監の笑顔を見ました」

周囲の人に後でそう言われ、2カ月もの間、にこりとすることも許されない中で走り続けてきたのかと思うと、東京で普通の生活をしてきた自分が心苦しくなったことを思い出します。

とにかくその時の、戦闘服とヘルメットの下で、にこりとした総監の表情は、私の東日本大震災の記憶の一コマとして残ったのです。

災害派遣との因果関係は分からないまでも、震災後に身体を壊したというケースは各所で聞いています。そうした影響をなくすことは、今後起きるかもしれない災害への備えとして検討されるべきと思いますが、自衛官はとかく「自分のことはさておき」なので、これからも俎上に上らないのではないかと懸念します。

当時、青森の第9師団長だった林一也さんは、災害派遣活動に従事した3人の隊員さんが病気で亡くなったことについて、日頃飲んでいる薬の量など、それぞれ自分の体調については細かいケアができず、各人に無理を強いていたのではないかと述懐しています。

緊急時ということもあり、それどころではなかったのかもしれません。また、「自分の事より他者」に心配りをする自衛官の姿を描いてきた私としても、知らず知らずに自衛官たちを追い詰めることにはなってはいなかったか、自分の罪に気付かずにそんなことをしたのではないかと本書を出版した当時から自責の念に駆られていたことも事実です。

あれから、日本はいくつもの災害を経験しました。しかし、その度に自衛隊の災害派遣では不備不足の中で必死になっている自衛官の姿があります。

自己中心的な考え方が多い世の中で、自分を差し置いても奉仕できる、そのような教育がなされている自衛隊には心から敬意を表すばかりです。しかし、その崇高な精神性に甘んじ、いつまでも自衛隊がその日の食事さえ満足のできない状態で災害派遣に出るのは国の怠慢と言わざるを得ません。

一方で、最近は災害派遣の様子がSNSなどにアップされ「自衛隊があんなところに寝ているのは可哀想だ」「泥水で顔を洗っているなんてひどい環境！」といった声があがっているようです。

これには関係者も苦笑するところがあって、陸上自衛隊の訓練はそもそもそのような過酷な状況で行われるものであり、その経験が災害派遣で人々を助ける自衛隊を作り出しています。隊員さんたちの大変さを知ってもらうのはありがたいものの、そこまで否定されてしまうとなんとも困ってしまうのです。この組織の特徴と強みを真に理解してもらえればと思います。

ただ、自衛隊が過酷な環境で耐えられることと、サポートの不十分は別の次元の話で、後方体制や健康管理を疎かにして隊員に忍耐を強いるようなことはあってはなりません。自衛隊の苦境を「美談」ではなく「教訓」にし、政治レベルでの改善が望まれます。

米軍の人々による助け

本書では十分にお伝えできなかった米軍の活動についてもここで少し触れたいと思います。

沖縄海兵隊政務外交部次長として東日本大震災が発生してから米海兵隊の支援活動の調整に努めていたロバート・D・エルドリッヂさんの著書『トモダチ作戦～気仙沼大島と米軍海兵隊の奇跡の絆』には、米軍関係者による震災被災者との関わり方について、興味深い事実が多々記されています。

「キャンディーを持っている者はいないか!」

被災地に向かう揚陸艇「エセックス」の全ての乗員に向けてこのアナウンスが流れたのはまさに被災地に向けて出港しようとしていた時でした。午前3時に緊急集合し、救援物資を積み込んでいた海軍と海兵隊の人たちでしたが、それだけでなく、被災した子供たちのための物も集めようということになったのです。

1時間もすると箱一杯にキャンディーが集まったといいます。「エセックス」だけではなく他の艦艇も乗員たちが自分たちのお金でお菓子や食糧、ブランケットやセーターなどを買って寄付をしたのだそうです。

そして夜明け前、「エセックス」は雪の舞う気仙沼大島に到着。そこで隊員たちがとった行動は地元の人々を非常に驚かせました。

「こんなことをしてくれた人たちは、初めてです……」

彼らはまず、津波で打ち上げられたフェリーがある浦の浜まで行き、災害で命を落とした島の犠牲者に対し黙祷を捧げたのです。

重装備の荷物を背負って徒歩行進し、夜明けの浜で祈っている彼らの姿は、それまでテレビなどで知っていた「海兵隊」の印象とは全く違うものでした。

また、後に『東日本大震災　自衛隊救援活動日誌』を上梓した元・東北方面総監部政策補佐官の須藤彰さんは、あらゆる被災地を視察する中で海兵隊の作業の迫力に圧倒されたと述べています。

ブルドーザーは1台しかないが、そんなことは気にしていない様子で、素手でわんさか瓦礫をかき集めてはダンプにひょいひょい放り投げていく。このエネルギッシュさは、周囲への「エンパワー（活気づけ）」になったと須藤さんは言います。

現に、米軍のパワーに影響されてみんなが一生懸命になっている。工具を貸して欲しいと聞いて回っていた学生たちが米軍の作業が目の前で始まると慌てて素手で瓦礫を片付け始め、いつのまにかバケツリレーも行われていたということで、海兵隊が地元の人々の元気付けに知られざる貢献をしてくれたことが分かります。

「海兵隊のようになりたい！」

そう言い出す子供もいたといいます。実際、英語の猛勉強を始めたり、海兵隊を目指したものの叶わず、その代り、晴れて陸上自衛官になった少年もいたのだそうです。

前述のエルドリッヂさんは、当時の日本政府に対し次のような見解を強調していました。

「物理的な復興に集中するあまり、被災者たちの社会的な復興、つまり精神面や感情面での復興を蔑ろにしたという過ちがあった」と。

海兵隊の働きは子供たちのメンタル面にさりげなく勇気を与えることになりましたが、それだけではなく、エルドリッヂさんは「その後」のことも考えてあげるべきだといいます。

災害派遣終了後に始められた「ホームステイプログラム」はそうした発想によるものでした。

これは、気仙沼大島の子供たちを沖縄の米軍基地に招待し、ホームステイしてもらうというもの。日本人にはあまり知られていないようですが、米軍の人たちやその家族はボランティアの活動をごく自然に行っています。

東日本大震災でも、各地の在日米軍の夫人たちが即座に動き出しました。異国の地での大地震というショッキングな経験をした人ももちろんその中にはいるわけですが、発生直後から基地の人々がありったけの洋服やお菓子を集めたり、大量のクッキーを作ったり、中古の自転車を集めた夫婦が休日にトラックを借りて被災地に持って行ったという話も聞きました。

実際にその後、発生した数々の災害では米軍関係者が休暇を使いボランティアで被災地に駆けつけています。そして同時にこの人たちに学ばされるのは、一時的ではない気配りです。

困難の中にいる人に手を差し伸べる行動が常に継続されていることです。私はつい最近、米軍基地の方に東日本大震災の復興基金のために販売しているアクセサリーをプレゼントしてもらい、在日米軍基地の人々が今でもこうして被災地を気にかけていることに驚かされると同時に、すでに過去のものと整理してしまっている自分を恥じました。

日本人の場合は、災害が多いということもあるのでしょうか、被災者の感情とは関係なく、どこかで「区切り」を作ってしまいがちではないでしょうか。

課題はまだまだ……

その後、日本では毎年のようにどこかで災害が発生し、自衛隊の災害派遣が実施されています。そのつど、課題や問題点があり、それらを検証して改善に努めるべきなのですが、少なくとも防衛省・自衛隊で災害派遣の教訓は残したとしても、それがとことん検証されたという話は聞いたことがありません。多忙な任務が待っているためそのような余裕がないことも事実でしょう。

災害派遣は成果だけが語られがちです。「自衛隊さんありがとう」の評価で終わってしまうのではなく、「あり方」を真剣に追求すべきでしょう。それは災害派遣のみならず、自衛隊の全ての活動そのものに関わります。

「女性自衛官の活躍」云々と防衛省では標榜していますが、緊急時に子供を預ける体制などはまだまだ不十分で、後顧に憂いを残して活動したという話はその後も続いています。

また、毎回、災害派遣の時に気になるのは「〇万人体制」という言葉が躍ることです。人員は多く出せばいいというものではなく、状況に応じるべきであることは言うまでもありません。政治的な要望は常に人員を増やしたがりますが、適切な規模で行わなければ、せっかくの部隊派遣もかえって機能しなくなってしまうのです。

もちろん、被災地では多くの自衛官の姿を見ることが安心感につながるということで、そうした心理的な効果からすれば無意味ではありませんが、それを理解してもやはり「数ありき」の派遣は避けるべきだと感じています。

最後に、自衛隊の災害派遣をめぐる課題は、政治側や自治体の問題も含めまだ多く横たわっていて、なんとか改善してもらいたいという思いは続いています。しかし、熊本地震の被災地に赴いた際、私は肩の力が抜けるようなちょっとした感動を覚えました。

「東日本大震災の自衛隊を見て、自衛官になりました!」

そんな若い隊員さんと何人か出会ったのです。過去の自衛官の勇姿が、こうして新たな隊員さんを生んでいたのです。

この『日本に自衛隊がいてよかった』を読んで頂くことによって、また次なる隊員さんの誕生に繋がることがあれば著者冥利に尽きます。約8年の月日が経ちましたが、物語は決して古くなってはいません。その意味で意義深い本書文庫化にご尽力頂いた関係者の皆さまに心より感謝申し上げ、文庫版のはじめにとさせて頂きます。

平成31年1月　全ての被災地の復興を祈りながら

桜林美佐

日本に自衛隊がいてよかった——目次

第一部　誰かのために

「これは訓練ではない」
津波到達予定はヒトゴーヒトマル
まず、滑走路の復旧を
俺たちが感傷に浸っている暇はない
使命感で駆けつけた仲間を亡くした
自分たちにはまだボートがある
隊員ふたりはきっと戻ってくる
殉職した陸曹のこと
こんな時に飛べないなんて
平時の10倍のヘリが飛来した

第二部　災害派遣の舞台裏

第二章　防衛力が危ない……193

写真提供　陸上自衛隊
　　　　　海上自衛隊
　　　　　産経新聞社
装幀　伏見さつき
DTP制作　佐藤敦子

日本に自衛隊がいてよかった

――自衛隊の東日本大震災

第一部

誰かのために

第一章——被災

「これは訓練ではない」

その日は、ハッキリしない天気だった。午後には雪が降り出すという予報だった。

航空自衛隊松島基地（宮城県東松島市）では、午後の訓練が中止となった。

戦闘機パイロット育成の場である同基地では、少しでも多く飛行時間を積みたい者ばかりだが、悪天候では仕方がない。

訓練機を格納しようとしていたその時、大きく地面がうねった。

「また、来たな」

庁舎では、夏に開催予定の航空祭について会議が行われていた。参加していた幹部の1人は、

「昨日もあったから、余震だろう」

と思った。前日にも同じような揺れがあったのだ。このところ続いていたので、不気味ながらも少し慣れてきていた。

しかし、この日は様子が違った。ゆったりした揺れから、次第に激しい横揺れへ。異常な感覚だった。

立ち上がって窓を開ける者もいたが、その幹部は棚の上にあった戦闘機の模型が気になった。市民から基地に贈られたばかりだった。

落ちないよう両手で支えてみたが、揺れの強さに、両足で踏ん張っても立っているのがやっとだった。これは尋常ではないと思った。

程なく、大津波警報が発令される。

「隊員は2階以上に避難！」

これまで何度も行った訓練と同じだった。

同基地では、津波を想定し、地震発生後に高所に避難する訓練を繰り返し実施していたのである。

その時、愛機を格納庫に入れようとしていた隊員たちには、

「しまわんでいい！」

と、上官から怒号が浴びせられた。

あんなに飛行機を愛するあの人が？　信じられなかったが、顔は本気だ。

「5分だけ時間をやるから、大事な物を取ってこい」

そう促されて、せいぜい携帯電話だけを持って階段を駆け上がった。

「これは訓練ではないんだ……」

われ知らず、鼓動《こどう》が高まる。

2階では会議室にいた幹部たちが、慌ただしく電話をし、テレビからの情報収集に躍起《やっき》になっている。

「6メートルの津波だって言ってるぞ」

訓練での想定を、はるかに越えている。まだ、震源地は分からない。

「9メートルだとも言ってる」

全員に動揺が走ったのが分かった。

「これは来るぞ」と思った。

津波到達予定はヒトゴーヒトマル

「2階ではダメだ、3階より上へ！」

松島基地の全員が階段を上がる。

しかし、航空基地は広大で、しかも、グラウンドクルーや管制官など地上で働く人がたくさんいる。

滑走路の端の方で業務にあたる者もいて、すべての隊員に、即座に連絡をすることは困難だ。

基地内放送で、「総員3階以上へ退避」を呼びかけているが、聞こえているかどうかが分からない。

滑走路を車で回り、伝令も走らせる。

「津波の到達予定時刻は1510(ヒトゴーヒトマル)!」

平素から、地震発生より20分以内で高所に上がることは頭にも身体にも染み付いていたので、問題はないはずだった。ところが、その時、1人の幹部が、

「待て、余震も来そうだ。あそこは危ないんじゃないか」

と気が付いた。管制塔は、2003年の地震でヒビが入ったままだったのだ。それどころか、他にも耐震補強の予算が、なかなか付かず、危険な建物も多い。

「耐震構造の建物に入るように」

指示が出て、耐震化されていない所にいた隊員が慌《あわただ》しく移動する。限られた建物に、約1100人の隊員が集まり、大半が屋上に上がった。

「点呼!」

人員の確認が速やかになされた。中には、売店の職員や工事で訪れていた人たちもいた。

横なぐりの雪が降っている。辺りにはサイレンの音がけたたましく鳴り響き、それに呼応するかのように、雪が激しさを増す。

じりじりと、1分が1時間にも感じられ、津波到達予想時刻を過ぎても不気味に静かだった。

屋上から基地の外に目をやると、海岸線を走る車が目に入った。隊員が叫ぶ。

「危ない！　引き返せ」

必死になっても、サイレンと吹雪く音に虚しくかき消されていく。それでも、みんな必死で声を出した。

何台かはUターンをして戻ったが、そのまま走り続けていた車もあった。

時計の針は１５５４を指していた。その時、近くの田んぼの上を黒い波がすーっと静かに進んでくるのが見えた。

次の瞬間、「ズドーン」という轟音が静寂を破った。門柱に水が当たる音だった。

濁流の音と、バキバキという音、めくれるような音が、あちこちから聞こえてくる。

まず、滑走路の復旧を

「あっ」と声がして見ると、隊員たちの自家用車がプカプカと浮いて漂い始めていた。津波到来の瞬間、松島基地で鳴り続けていたサイレンが止まり、幕僚たちが集まっていた部屋では、電気が消え、電話が切れた。

慌しく連絡をとり続けていた話し声がピタリと止み、シーンと静まり返った。唯一の電源である基地の発電機も水没したらしい。4メートルの津波で外部と断絶されたのだ。基地内にあったヘリや航空機28機も使い物にならなくなった。全員が押し黙った。

無情にも気温は下がり、どんどん冷えてくる。

「無線機を用意しよう」

どこかの基地から救難機が来るかもしれない。携帯電話は、繋がった時のバッテリーを温存するために電源を切った。

津波は何回か到達し、その度に駐車場の車が右から左に動くのが見える。

「火があがってる！」

石巻の方だった。何とか助けに行けないのか、残してきた家族は、肉親は……。歯がゆさと、不安な思いがよぎる。

やがて日が落ち、真っ暗闇になった。ろうそくを灯し、身を寄せ合って少しでも暖をとる。

「2～3日は孤立するかもしれないぞ」

残っている糧食《りょうしょく》は、僅かだったため、カンパンを少しずつかじった。どうせ、寒さで寝られるわけじゃない。明るくなったら、何をすればいいのか、日の出までに検討しようと、それぞれが持ち場のやるべきことを考えることにした。

と言っても、何がどうなっているのかが分からない。

滑走路は使い物になるだろうか、電源はどれくらいで修復できるのだろうか……、色々な思いを巡らせた。

その時、誰かが、遠くからかすかに聞こえる音に気付いた。

「救難機が来てるぞ！」

無線で交信し、百里基地から飛んできたことが分かった。

「ありがとう……」

仲間の有り難さが身に染みた。この夜を越えれば、新しい朝が来る。隊員たちは心が熱くなった。

夜が明けると、みんなが一斉に動き出した。

ある者は人命救助へ。と言っても車も長靴もスコップも何もない。災害時に備え資材を集積していたが、全て流されてしまったのだ。そのままの姿で、とにかく歩いていった。

ある者は、滑走路の復旧へ。

「滑走路を1日でも早くオープンさせよう。救難機の着陸基地にすることが復興への第一歩だ！」

全員の心が1つになった。

俺たちが感傷に浸っている暇はない

悪夢の震災当日から一夜明け、復旧に向けた一歩をスタートさせた航空自衛隊松島基地。

隊員たちは、水に浮いた自家用車を横目に、被災者のこと、残した家族のことを案じながら作業を始めた。

「どこから手をつけたらいいんだろう」

途方に暮れる中、全国の空自基地からの応援も到着し始めた。北海道から沖縄まで。昔の仲間、懐かしい顔もそこにあった。陸上自衛隊の車両も来てくれた。

「俺たちが感傷に浸っている暇はない。とにかく動こう」

救難機を着陸できるようにする部隊と、住民の救援部隊に別れて行動することになった。

その中には、救難ヘリのパイロットもいた。彼らは、「何かあれば真っ先に助けに行く」という誇りを持っている者ばかりだ。地域の人たちが助けを求めているのに、基地内のヘリや航空機は津波にやられて飛ぶことができない。それが何よりも辛く悔しかった。

その彼らも、炊き出し支援、がれき除去などに分かれ作業を始めた。

「陸上自衛隊はもっと過酷な状況でやっているんだ。頑張ろう」

基地の隊員にとって、それが合言葉となった。1週間は毛布も届かず、着の身着のままで寝た。他部隊の隊員はできるだけ部屋に入ってもらい、自分たちは廊下で寝る。気温がマイナス4度まで下がったときは、さすがにまいったが意識が遠のけばラッキーだと、笑い合った。

2週間以上たち水が出るまでは手も洗えず、お湯がないので缶メシを硬いまま食べた。

応援に来た隊員が陣中見舞いの食糧を持ってきてくれたが、近くの小学校で配り、入浴が可能になってからも、先に住民に入ってもらった。

その後に隊員が入る。ドロドロになった湯船の掃除にたいそう骨が折れたという。

滑走路の復旧作業は急ピッチで進み、震災4日後には飛行機が降りられるようになった。

徐々に、震災時に基地にいなかった隊員や、家族の安否についても情報が入るようになった。

家族が車ごと流され、冷蔵庫につかまって漂流していたところを救出されたと語る隊員もいる。

建てたばかりの家に、週末には荷物を運び入れようとしていたが、家ごと流された隊員。いずれにしても大半の者が、戻るところがなかった。

しかし、自分の境遇を嘆くことはできなかった。隊員の家族36人が亡くなり、139人が安否確認できないでいる。

涙を流す暇はない。互いに気遣い、黙々と作業をする隊員たちの姿が、そこにあった。

使命感で駆けつけた仲間を亡くした

家族の安否も分からないまま、復旧作業に打ち込む松島基地の隊員たち。彼らの胸中から、ある1人の隊員の存在が離れない。

震災の日、休暇中で、3歳の娘と1歳の息子を連れて海岸に遊びにいっていた隊員だ。

地震発生後、彼は即座に車を飛ばし基地に急行したが、緊急避難体制でゲートが閉まっていたため、門前で津波に襲われてしまったのだ。2人の子供たちも一緒だった。自衛官としての使命感で駆けつけた仲間を亡くした……。隊員たちには、その無念さがこみ上げる。彼のためにも、この松島基地を1日も早く復旧させ、住民を助けなければならない。

「飛行機を飛ばすことはできなかったのか」

次第に、外部からそんな声も聞こえてくるようになった。

F―2戦闘機18機をはじめ、全ての航空機が水没したことに対するものだ。

しかし、航空機は緊急発進の待機態勢でない限り、すぐに飛び立つことはできない。まして、大きな地震の直後であり、離陸させるには、滑走路や機材の確認などが必要だ。そんなことをしたら、多くの地上要員を、危険にさらすことになる。

隊員の生命は守ったが、2000億円以上の国有財産の喪失。指揮官として判断は正しかったのか――。

復旧作業が進むにつれ、杉山政樹基地司令の判断について、その是非がささやかれ始めていた。

そんな中、司令は慣れない給水支援から帰ってきた隊員に声をかけた。

ふと見ると、手があかぎれだらけ。かじかんで感覚がなくなった手を見て、たまらない気持ちになった。

給水作業では、もらう側の住民もとりあえずの小さなペットボトルくらいしか持っておらず、そこに入れようとすると、隊員の手はびしょぬれになるのだ。

また、若い隊員たちは、地域のお年寄りからも頼られ、「畳を上げてほしい」と頼まれている。水に浸った畳は、とても老夫婦の手に負えないのだ。任務中にはできないが、「後でちょっと寄ります」と、作業を終えてから手伝いに行っているらしい。

たくましい隊員たちの後姿が司令を励ました。

「試練は乗り越えるためにある」

その覚悟を、合言葉に決めた。

この震災では、配偶者を亡くし、子供を亡くした隊員もいる。

それでも、「誰かのために」と作業に打ち込む姿は、誰にも値が付けられない「国有財産」だった。

自分たちにはまだボートがある

1枚の不思議な写真がある。「災害派遣」とボディに掲げられた車両が連なっているのだが、その全てが水没しているのだ。

宮城県の多賀城駐屯地、今回の震災で甚大な被害を受けた。同司令で第22普通科連隊長である國友昭一佐を知る人は、以前とは別人のような顔を見て驚くだろう。やつれた頬に伸びたひげ、その姿は、ここで起きたことのすさまじさを物語っていた。

「地震だ!」

射撃演習を終え、車に乗り込んだ直後、大きなうねりを感じた。赴任してから2年近くが過ぎていた。大震災は30年以内に99%起きるといわれていたため、日ごろから訓練し覚悟はしていたものの、ついに「その日」を迎えてしまったのだ。

「急ごう！」

駐屯地までは車で30分ほどの道のりだったが、道路には亀裂が生じている上、大渋滞も始まり、思うように動かない。仮に動いても自衛隊車両に速度超過は許されない。いつもの慣れた帰路が、これほど長く感じられたことはなかった。

その間、師団長への連絡、部隊から情報収集要員を出発させるなど、でき得る処置を済ませ、いつもの倍の時間をかけて駐屯地にたどり着いた。

すでに災害派遣の車両が待ち構えていた。留守部隊の迅速な対応に頼もしさを感じたのもつかの間、大津波警報が発令されていることを知る。

「隊員は屋上へ！」

すぐに命令を下した。多賀城は海から約2キロ離れていて、津波ハザードマップでは危険とはされていなかった。それゆえ、隊員たちはギリギリまで災害派遣の準備にあたっていたのだ。しかし、津波が到達したのは、屋上に退避した2分後だった。

「あっ！　車両が！」

正門と警衛所を押し流し、濁流がグラウンドを襲った。災害派遣車両は瞬時にして水に浮かんだ。一歩遅ければ隊員も流されていたのだ。呆然とするしかなかった。

その時、連隊長の顔が曇った。

「情報収集に行った車は？　射場からまだ戻ってない者は？」

帰り道の混雑を避けようとして回り道をした車両もあるようだった。もし、海に近い道を通っていたら……。

同時に、地域住民の安否も気遣われた。人々は自衛隊を待っているはずだ。自分たちが救いに行かなければ、地元に根を張ってきた意味がない。隊員たちは、いてもたってもいられなくなった。

「ボートで行こう！」

それも一刻も早く！　全員の気持ちがはやった。

隊員ふたりはきっと戻ってくる

池のようになった駐屯地からはい出るように救援活動に向かった多賀城の陸上自衛隊第22普通科連隊。ボートに乗って、また、住民のカヌーを借りて向かった隊員もいた。

「必ず助け出そう!」

隊員の約9割が地元出身者である。それは、隊員たちの家や家族も被災しているということでもあった。携帯電話もすでに繋がらない。全員が不安を抱えたまま、しかし、そんな心情はおくびにも出さなかった。

「おじいちゃん、自衛隊さんが助けに来てくれたよ!」

身動きがとれず、建物の屋上などに避難していた住民たちが次々に助け出され、感涙にむせんだ。救出活動は夜を徹して行われ、その日だけで700人以上を駐屯地に収容することになった。

「あれは石油コンビナートじゃないか？」

駐屯地から遠方で火が上がっているのが見えた。避難した人々の不安は募る。いつの間にか降り出した雪で、身も心も凍り付きそうだったが、懸命に助けてくれて、カンパンや毛布を配ってくれる隊員たちの姿が唯一の励みとなった。

「連絡はまだか？」

國友連隊長は何度も同じ問いかけをしていた。しかし皆、首を横に振るばかりだった。

訓練を終えて帰る途上で津波に遭遇した隊員や、情報収集に出て連絡が途絶えた隊員がいる。無事に戻った隊員もいたが、2人の隊員がまだ行方不明のままだったのだ。時間とともに絶望感が増すばかりだった。

連隊長はむなしい質問をやめ、1人でも多く住民を救出することに集中することにした。

「きっと戻ってくる」

そう信じるしかなかった。それに、全ての隊員が仲間の安否、家族の無事を確認できないまま、必死に活動をしているのだ。自分の命令が正しかったかと、後ろを振り返っている暇はなかった。

「郷土部隊」の誇りにかけて……連隊長は、そう心に誓うと、急きょ、新たに部隊を組織し、気仙沼、石巻、東松島など、さまざまに部隊を展開。かろうじて残った車両を駆使し、その日の24時には配備を完了させた。

正門は水没していたが、常日頃、「必要なのか？　これ」と言われていた雑草だらけの非常門が役に立った。先輩たちが残してくれた知恵なのか、必ずどこかに活路があるものだと救われた思いだった。

そして、夜が明けた。

「連隊長！　ふたりが戻りました！」

目の前に現れたのは、ずぶ濡れになった2人の隊員だった。

殉職した陸曹のこと

「只今、帰隊しました！」

ずぶ濡れになって報告にきた2人に、連隊長は黙って近付いていった。そして、何の言葉もなく、強く抱きしめた。流れるに任せて、涙が流れた。その場にいた者も、皆、黙ってわれを忘れて泣いた。

聞けば、車ごと津波に流されたが泳いで脱出し、一晩中フェンスにしがみついていたのだという。

この後、休暇中でまだ行方が分からなかった隊員も次々に無事が確認されていった。

しかし、どうしても1人の陸曹と連絡がとれずにいた。

隊員たちは、現場のどこかでこの隊員と出会えるのではないか、見つけ出せるのではないかと思いながら行方不明者の捜索にあたっていた。

「車と着衣を発見！」

数日後、彼がその日乗っていたとみられる車が見つかった。残っていたのは、泥だらけの戦闘服のズボンと半長靴だった。

「あいつ、着替えて来ようとしたんだ……」

レンジャー隊員だった彼は地震発生後、すぐに戦闘服に着替え、車で部隊に向かったが、津波に気付き、ズボンと靴を脱いで脱出したに違いない。どこかにたどり着いていてくれ！　そう、祈るしかなかった。

しかし、3月19日、その陸曹は遺体安置所で発見された。

この震災で家族が亡くなった隊員も少なくない。しかし、それでも不眠不休で気丈に救援活動にあたれるのは、同じ自衛官の、血縁関係とはまた違う強い結びつきがあるからだ。仲間の死は身を切り裂くような傷となった。それは、部下を亡くした指揮官にとっても同じだった。

「連隊長は毎日現場に来てわれわれを激励してくれます。夜は市役所に入って遅くまで対策会議です。そのまま泊まり込む生活を、もう70日以上続けているんです。1日も休んでいません」

お国なまりで心配そうに語る隊員たち。連隊長は確か、土佐の出身だが、もはや同郷かどうかは関係なかった。自衛隊という、同じ故郷がある。

そんな中、沖縄第15旅団の応援部隊が入浴支援に来てくれた。

「『チムグクルの湯』と名付けました。心が温まるという意味です」

説明を受けて、自分たちが風呂に入れるわけじゃないのに、ぐっときた。こんな遠くから来てくれる仲間もいる……。

第22普通科連隊は、庁舎の正面に殉職した陸曹を悼《いた》む横断幕を掲げた。そして、復興に向け力強い前進を誓った。

辛いことは全て連隊長のひげに託して。

こんな時に飛べないなんて

震災が起きた日から、多くの被災者を救うことになったのは、空からの救助だった。その主体となるはずだったのが、航空自衛隊松島基地に所在する松島救難隊である。しかし、救難ヘリUH−60Jなどが水没したため、1機たりとも飛び立つことができなかった。

「今、すぐに向かわなければ間に合わない……」

生存者を救出できるタイムリミットを考えると、ヘリさえあれば……。その思いで気は焦るばかりだった。

自分たちの愛機が目の前で流され、壁にたたきつけられたショック、自家用車も押しつぶした津波の恐怖がまだまぶたに残っている。家族の安否さえ分からないままだ。

しかし、彼らには「こんな時に飛べないなんて」「今まで何のために厳しい訓練を重ねてきたんだ」という、やりきれない思いしかなかった。

その時、他基地から救援のヘリがたどり着いた。

「来てくれた！」

佐々野真救難隊長は隊員を集合させた。

「家族が被災してない者、独身者、電話がつながった者を中心にクルーを編成する！」

移動手段さえあれば、どこかの救難隊に臨時編入させることができると考えついたのだ。隊員たちがざわめいた。

「隊長！　私も行かせてください」

隊長は胸が熱くなった。意気消沈している者などいなかった。「助けたい」という気持ちが何にも勝っていた。

「われわれを乗せていってくれ！」

救援物資輸送で基地に降りたCH—47（チヌーク）を引きとめた。このヘリに便乗し、まずは、航空救難団本部がある入間基地まで運んでもらおうという算段だ。突然の要請に司令部との調整は混乱した。

「そんなニーズはあるのか？」と言われたが、必死の説得に、それ以上は問われなかった。

他の救難ヘリは夜通し飛んでいるのだ。今、細かい手続きや説明をしている余裕はない。

半ば力ずくで80人の隊員のうち12人を向かわせた。12人の松島救難隊員は、入間からさらに百里基地に移動し、翌朝から百里救難隊に臨時勤務する形で活動することになった。

「よく来てくれた……」

彼らの姿を見て、百里基地では驚愕していたが、快く受け入れてくれた。

「一緒に飛ばせてください！　燃料が続く限り」

それから不休の救出作戦が始まった。

一方、陸上自衛隊の航空部隊も壮絶な救出劇を繰り広げていた。

平時の10倍のヘリが飛来した

おそらく最も早かったはずだ。

「これは大きいぞ！」

陸上自衛隊霞目《かすみのめ》駐屯地に所在する東北方面航空隊の操縦士は、すさまじい揺れに襲われたその瞬間に庁舎を飛び出した。

震度5弱以上の地震が起きた場合、即座に情報収集に出ることになっていたのだ。立っていられない程だったが、まだ揺れている中でエンジンを回しエプロン（駐機場）のUH−1に乗り込んだ。管制と緊迫したやりとりを交わして素早く離陸。時刻は1501だった。

雪が降り始め、視界が悪い。しかし、映像伝送（ヘリ映伝）は極めて重要な任務だ。

地上の様子を詳細に伝えなければならない。眼下には、卒業式が行われていた学校だろうか、たくさんの車が校庭に見える。急いで車で帰ろうとする親子連れの姿に、「わが妻と子はどうしただろうか」と一瞬、頭をよぎったが、津波を告げる無線にハッとした。海に目をやると、不気味に潮が引き、向こうから大きな波濤《はとう》がぐんぐん近付いて来る。

「津波です！　ものすごい津波です！」

われ知らず絶叫に近い声でその状況を伝えていた。波は瞬く間に家屋も車ものみ込んでいった。

その時、救援活動のためさまざまな航空機が東北に向かっていた。

「松島基地も仙台空港も使えないらしい。とにかく霞目を目指せ！」

自衛隊機だけでなく、民間、警察、消防のヘリなどが飛来する。その数は平時の10倍に及んだ。

「小学校の屋上に子供たちがいる！」

雪は降り続け、日は落ちてくる。あたりは停電で真っ暗闇となったが、懸命に手を振っている所にヘリが接近。ホバリングしながらホイストで降下する救助を何度も何度も繰り返した。夜通し飛び続け、日の出までに169人を救出した。

管制ではひっきりなしに指示を出し続けるので声はガラガラになっていた。救助した人は、避難所が決まるまで駐屯地に運び込んだ。

給油も、通常は民間機に対してはできないが今回は認められ、エンジンを止めずに補給する「ホットリフューエル」を絶え間なく行った。

食糧は全て被災者に配り、自分たちはそれから毎日カンパンでしのいだ。ずぶぬれになった人に私服のジャージーを差し出す隊員もいた。相手がどうしてほしいのか常に考えている、整備など後方隊員のスピリッツが生きた。

使命感を持って飛び続ける者、それを支える者、彼らのホットリフューエルは被災者も救ったのだ。

第二章——使命

サボっていたなんて言われないように

あなたの職業は？　と尋ねられると、いつも、

「会社員です」

と、答えていた。特別に高い志があったわけじゃない。

他にやりたいことがなかったし、「とりあえず」という動機で陸上自衛隊に入った。

先輩や仲間には、くせのあるヤツもいて、外で問題を起こすこともある。

その度に、肩身の狭い思いで、ますます自分の仕事に自信が持てなくなった。

「陸上自衛隊って、何なんだ？　必要なのか」

そんな声を聞いたこともあったし、その答えはうまく説明できなかった。

確かに、海上自衛隊や航空自衛隊に比べて陸自の人員は多く、人不足で宿直も多い

艦船勤務などの隊員に比べたら、余裕がある。「ムダに多い」と言われていることも知っていた。

それに、普段から、警戒監視活動をするのは海空自衛隊で、陸自はと言えば、専ら訓練に励んでいるだけだ。

国際活動や災害派遣などがあれば活動を知ってもらえるが、何もなければ、存在の意味を自分でも説明できなかった。そんな自衛官生活を送っていた3月11日、大震災は起きた。

「すごい揺れだ……」

大規模な災害派遣になると直感した。待機を命じられ、予想通り、数時間後には出動した──。

「その日」を迎えるまでを、20代の陸自隊員に振り返ってもらった。

今回の震災で、総勢約15万人の陸自からは約7万人の人員が派遣されている。交代要員を考慮すれば、ほぼ総力戦で臨んでいることになる。

北海道から沖縄に至る、あらゆる地方部隊が、自衛官としての様々な思いを持って現地に赴《おもむ》いた。

「みんな使命感を持っていますよ、ただ、多くが財布を持っていないのでは？　緊急に出ていきましたから。せめて小銭程度でも届けてやりたい」

阪神・淡路大震災を経験したOBは苦笑する。

当時、緊急時の自衛隊車両も高速道路の料金所で支払いが必要で、所持金のない隊員が足止めを食ったことがあったのだ。

彼らは現金を持っていないので、疲れているから甘い飲み物を、などということもできない。

もっとも、人前で食べることができないという隊員は多い。

「自衛隊がサボっていたなんて言われないように、食事は車両の裏に隠れて食べています」

日頃、逆風下にあった自衛官の心情を象徴する風景がそこにあった。

「休ませてほしい」と言わない隊員

どこの部隊から始まったのか、ヘルメットに「がんばろう！　仙台」などのシールが貼られるようになった。

これについて君塚栄治統合任務部隊指揮官は、

「救援物資だけではなく、ハートを届けることもわれわれの任務だ」

と、評価している。ともすると、野暮だ、青臭い、と思われてきた、こうした陸上自衛隊らしいやり方は「無形の戦闘力」となり、不安な日々を送る人々には、心の灯となっている。

「足りない物はない、何もいらないと言っているんですよ。そんなはずはないのに……」

現場を視察した幹部が心配そうに語った。

実際、派遣から2週間以上が経過し、隊員たちの疲労はピークに達しているにもかかわらず、現場の士気は落ちるどころか、一層、高まっていた。

「休まなくても大丈夫です！」

という言葉ばかりで、その裏には、休むとガックリきてしまうという思いもあるのでは、とベテラン自衛官は見ている。

そこで、隊員たちが口に出すのをはばかっているものの、要望を聞き、小さなことから解決しようと努めた。

「病気の家族が心配」「食事が足りない」「人々にいろいろと頼まれるが、全ての要求に応じきれない」……。隊員たちは重い口を開き始めた。

2週間経って、徐々に入浴できるようになり、食事は温かい物は被災者に提供するため、彼らはごく簡単な缶詰などを冷たいまま食べている。お湯でもどすタイプの米は石のように硬く、便秘が続いているという。

「せめて野菜ジュースでもあれば」

野菜不足と作業中に行くトイレがないことも原因となっているようだ。

しかし、「休ませてほしい」という声は一切ない。

それどころか、残留部隊からも「今すぐに行きたい」という声が後を絶たない。

「自衛隊が見放してしまったら、頼るところはどこにもないんです。われわれがやらなければ！」

部下たちの熱意に触れた指揮官は目頭が熱くなった。

「これまで、自衛官ですと胸を張って言えなかったヤツばかりだったのに……」

ただ、即座にクギを刺した。

「自衛隊が感謝されるのは、国民が不幸な時だ。決しておごるなよ」

幸せな時には必要がない。それが自衛隊の宿命。しかし、若い隊員が今、自衛官であることの意味を必死に見いだそうとしている。

オレンジのゴムボートがきてくれた

これは夢なのか、それとも現実なのか……。震災発生から2週間以上が過ぎたが、まだ自問自答してしまう。被災し、24人が救助された石巻市の幼稚園教諭の言葉からは、津波のすさまじさが伺える。

3月11日、卒園制作ができあがり、あとは5日後の卒園式を待つばかりだった。午後3時を前にした、その時、突然、尋常ではない揺れに襲われた。津波が来るまでの間に、迎えに駆け付けた親もいたが、多くが間に合わなかった。下手に近付けば、家族もろとも危険にさらされる。間もなくゴーッという音をたてて大津波が来た。

「早く、上へ！」

幼稚園の屋根に上がり、子供たちにしっかりつかまるように言い聞かせているうちに、あたり一面が真っ黒な海になった。

「だめ、流される！」

われ知らず、叫んでいた。頭の中が真っ白になり、体中が震えたが、「子供たちを守らなければ」という思いだけが力になった。

寒さと恐怖と不安の中、みんなで体を寄せ合い、声を出したり、笛を吹いたり、携帯電話のライトをかざして救助を待った。

無情にも気温は下がるばかり。耐えかねて屋内に移動するが、波の音が聞こえてくると、即座に屋根に上る。

「きっと助かるからね」

お迎えをじっと待っている子供たちを前に、涙など見せられない。

幸運を信じるしかなかった。

朝を迎え、ヘリコプターの音が聞こえてきた。

「ここです！　気付いてください！」

必死に手を振っても、通り過ぎていってしまう。

気持ちが焦るが、救助を待つのは自分たちだけじゃないのだと、ひたすら待った。

しばらくして、彼方からオレンジ色の小さな船が近付いてきた。

海上自衛隊護衛艦「たかなみ」の隊員らが乗ったゴムボートだった。

「今、救助に行きます！」

全身の力が抜け、ずっと堪えていた涙があふれてきた。

「よく頑張ったね。もう大丈夫だよ」

隊員たちが子供たちに次々に声をかけ、頭をなでる。

こわばった子供たちの顔に、みるみる笑顔が戻った。

護衛艦内での温かい食事と入浴。１人ひとりへの気遣いを受け、自分自身の体温が戻るのが分かった。

「早く気付いて」

もう「ありがとう」しか出てこない

大震災後に津波に遭い、園児たちとともに護衛艦「たかなみ」に救出された宮城県石巻市の幼稚園教諭。睡眠をとり、食事や入浴のできることに感謝するとともに、他の被災者に申し訳ない気持ちにもなった。

それに、「たかなみ」の乗組員たちは、捜索活動や救助された人々のケアで働きづめのようだ。

ちゃんと休んでいるのだろうか？　という思いもよぎる。

乗組員にも家族がいて、聞けば、連絡もとれていないのだという。

震災が発生した直後、休暇をとっていた者も皆、自分の艦に急行し、取るものも取りあえず出港したため、実際、彼らは家族の安否も確認できていなかった。

それなのに、そんな事情は一切、口に出さず、あの恐ろしい海の中で助けてくれた。子供たちが不安にならないように、ずっと励ましてくれた。年の頃も若い自衛官ばかり、年下なのかもしれないが、どれだけ心強かったか分からない。

避難所の人々のために、彼らが懸命におにぎりを握っているのが見えた。

「私たちも手伝います！」

疲労もあったが、何かをしたいという思いがこみ上げてきたのだ。

陸に戻ったら、園児たちを家族の元に、無事に戻さなければならない。

家族と再会できるのかどうか分からず、それまでは、まだまだ気が抜けない。

これからのこと、そして自分の家族のこと、艦を降りたら辛い現実と向き合わなければならないだろう。

そして、乗組員たちにとっても救援活動は、まだまだ始まったばかり。これから、長い活動が続くのだ。

あらゆる思いが去来するが、こうして生きていて、一緒に、誰かのためにおにぎりを握っている自分が、無性に幸せだと感じた。

「先生、どうして、朝から『おはよう』とか『こんにちは』じゃなくて、『ありがとう』ばかり言っているの？」

園児があどけない顔で言う。

「だって……『ありがとう』しか出てこないよ」

海上自衛隊という名前は知ってはいたものの、どんな人たちなのか、ほとんど知らなかった。

しかし、今は違う。子供たちが帽子をかぶったり、敬礼をしている姿を見て、将来は、海上自衛官のような、優しくて強い大人になってほしいとひそかに思っている。

艦を降りるとき、隊員たちに、心の底からの感謝の言葉とメッセージを残した。

「私たちは絶対に負けません！　強く生きていきます。１人じゃない。助け合って、支え合って生きていきます」

「それぞれの事情」は吹き飛んだ

海上自衛隊では、行方不明者の捜索に最大で50隻余りの艦艇や航空機が、全国から派遣されることになった。

「嘘だろう～」

何カ月待ったことか。艦船勤務者にとって待望の、休暇（艦艇のドック入り）を目の前にして緊急出港した艦艇もある。

航海中、携帯電話は使えない。一刻も早く、家族、友人、大切な人の声を聴きたいと思いを募らせていた、まさにその瞬間の震災発生だった。

艦艇も修理が必要であり、全く十分でない状態。「上陸したら買おうと思っていたのに……」と、タバコを切らして歯噛みする隊員もいた。

一方、休暇中だった隊員は、レンタルDVDの返却期限が迫っていたり、コインパーキングに車を止めっぱなしだったり、運転免許の更新などなど、いろいろな日常を放り投げてこなければならない。

突如の「音信不通」。自分は海上自衛官だと普段はあまり言わないだろう彼らが、あらぬ疑いをかけられぬよう、ある程度は海上幕僚監部から事情を説明してもらえるが、連絡が全てに行き渡るわけではなし、個人的な約束やしがらみだってある。頭の中は気になることだらけだった。

しかし、被災地に到着した途端、隊員たちの様子は一変した。地獄絵図さながらの惨状に言葉が見つからなかった。

「一体、どうすればいいんだ……」

本来、陸にあるべき家屋が海に、海にあるべき大型コンテナや船舶が陸上に横たわっている。

海岸には、容易に近づくことができず、定置網などが海中に浮遊し、プロペラに絡《から》んだり、座礁した艦艇もあった。

「諦めるな。1人でも多く救い出そう！」

誰かが言い出すと、さっきまでの心配事は吹き飛び、それから昼夜問わず、不眠不休の捜索が開始された。

隊員は甲板に集合し、寒風吹きすさぶ中、血眼になって海面を見つめる。浮流する瓦礫のあいだに漂う遺体を発見すると、掃海部隊に所属するＥＯＤ（水中処分員）の手によって収容。艦上には、次々に遺体が安置され、いつの間にか、隊員手作りの祭壇に、果物やご飯を供え、手を合わせるようになっていた。

生活支援の隊員たちも、困難は同様だった。石巻渡波《わたのは》漁港付近の避難所に物資を運ぼうとしたら、道がなくなっていることが分かり、輸送艦「くにさき」乗組員らは、リュックに物資を詰め込んで屋根を乗り越えていった。

「行こう！　待っている人がいる限り」

その思いは海の中でも陸の上でも一緒だった。

涙の合唱

海上自衛隊の艦艇では、女性自衛官（ＷＡＶＥ）が、主に被災者や陸自隊員の入浴支援を行っている。

「私たちは食料にも困らずシャワーも浴びられますが、被災地で活動している陸上自衛隊員は、食事も風呂も被災者の前では我慢しながら歯を食いしばっています。同じ自衛官として頭が下がります」

海自隊員は言う。

こうした事情を受け、輸送艦「おおすみ」などでは陸自隊員たちに、被災者の目を気にしなくていい休息の場を提供。食事やお風呂を使ってもらうことになった。

冷たい缶メシしか食べていなかった陸自隊員は、カレーライスに感動しきりだった。

普段は「犬猿の仲」と言われたりもする陸海自衛隊だが、そんなことは何処かに吹き飛んでいた。

WAVEは被災者の入浴が終わると陸自隊員の入浴支援で、1日中立ちっぱなし。寝床に就いたとき、パンパンになったふくらはぎに湿布を貼って寝る毎日だ。

それでも、もっと大変な人たちがいるのだからと、揺れる艦上で精いっぱい力を入れ、人々に笑顔で声を掛けている。

「私も自衛官になりたい！」

浴槽の女の子たちが言った言葉にぐっときた。自分たちの行動は間違っていないんだと。

「年はいくつ？」

「今日……18歳になった……」

1人の子が遠慮がちに言った。あまりに悲惨な状況が、誕生日だと言うこともはばからせていたのだ。

「そうだ！」

そこにいた3人のWAVEは音楽隊のフルート奏者に相談し、コーラス隊を結成。「ハッピーバースデー」の合唱をプレゼントしようと思い立った。

思いがけない和《なご》やかなひと時、入浴に来ていた人々が涙ぐみながら手拍子をしてくれた。

ふと見ると、遠くに遺体を収容するイージス艦「あたご」が見える。すぐそばに、泣きながら嘔吐しながら頑張っているWAVEがいると思うと、胸が締め付けられる思いだった。

原発の支援に赴《おもむ》いた多用途支援艦「ひうち」に乗っていたWAVEは、被曝の危険性から艦を降りるよう命じられたが、彼女たちは「自分たちも行く」と泣きじゃくったという。

陸自の女性自衛官（WAC）も男性と同じ条件で活動している。夫婦共に自衛官で、子供と連絡とれぬまま出動したという話も聞く。

「私たちにできることは、ひと時でも心和んでもらうこと」

涙をのみ込んで、女性自衛官たちは今日も奮闘している。

駐屯地を目指せ！

午前5時ごろ、避難所の子供たちが凍えそうになりながら、外の仮設トイレに行くため起き出すと、迷彩服姿の自衛官がすでに、タオルではち巻きをしてテキパキと炊き出しの準備をしている。

ヘドロと瓦礫に埋もれた道を通れるようにしてくれて、温かいご飯とお味噌汁という当たり前の日常を思い出させてくれる自衛官が、朝焼けにキラキラと輝いている。

「お早う！　寒かったけどちゃんと眠れたか？」

優しく声を掛けてくれる自衛官は子供たちのヒーローになった。

「実は、われわれのように制服は着ませんが、過酷な状況で支えてくれている自衛隊もいるんです」

と、ある隊員が言う。

大規模な災害派遣で、北海道から沖縄までの部隊が一挙に東北に向かったが、被害状況も明らかでない時点では、「どこに行くのか」は手探りだった。

そこで、拠点となったのは各地にくまなく配置されている駐屯地だった。

「○○駐屯地を目指せ！　と前進しました。駐屯地の数が多いといわれて、減らそうとしていたらしいですが、あってよかったですよ」

一方、駐屯地では「駐屯地業務隊」がてんやわんやになった。

この部隊は、被災者の入浴、隊員への配食、ゴミの回収、洗濯、そして不在者投票や戦力回復センター（隊員が休養する施設）……など、ありとあらゆる受け入れ業務を一手に引き受けている。

ある駐屯地では、ほんの十数人で7000人以上の自衛官を受け入れることになった。

「どんなに夜遅く戻っても、ガソリンを入れてくれるんです」

隊員の感謝の言葉は絶えない。しかし、そもそも業務隊は、その半数が事務官で構成されている。自衛官は普段から不眠での訓練も受けているが、事務官にとっては想定外だ。それが今回、地震発生から24時間勤務を続けることになった。

女性事務官たちも同様だ。押し寄せる業務と、交代のいないプレッシャー、余震の不安の中、精いっぱい仕事をこなした。

3週間近く経ったある日、1人の女性事務官が急に泣き出した。このまま、頑張り続けられるのかという思いがこみ上げたのだ。周りにいた女性たちも皆、緊張の糸が切れ、涙が止まらなくなった。

1カ月目を迎える前、案じた自衛隊幹部が視察に訪れると彼女たちは「もう大丈夫です」と元気に振る舞っていて、逆に元気付けられたという。

制服を着ない「自衛隊員」、被災者と触れ合ったり、テレビ画面に映ることのないヒーローの姿がここにもあった。

遺体を見つけられない自責の念

四国の陸上自衛隊第14旅団は、宮城県・女川の避難所のど真ん中に指揮所を構えている。

「避難所の被災者に、できる限り話しかけてます。そして、在宅避難者をくまなく調べて支援することも重要です」

天幕で指揮を執る井上武旅団長は語る。それだけではない、船や電車が建物の上に横たわっている市街の瓦礫除去もある、児童の3分の2が死亡・行方不明となった石巻の大川小学校も活動範囲だ。

初めて招集された即応予備自衛官（即自）の投入もあった。普段は、会社員などをしている即自は、休日を潰して活動に参加する者ばかりだ。そのため、帰るとすぐに仕事に戻るギャップを考慮し、主に生活支援を担ってもらうことになった。

普段、ホテル勤務で、接客のノウハウを活《い》かせたという女性もいる。

「私にも2歳の子供がいます。駄々をこねるかと案じましたが『困っている子供たちのために行ってくるからね』と言うと、『ママ、頑張ってね』と言ってくれたんです」

他方、同じく派遣された即自からは「もっとキツいことをやらせてください」という声も絶えなかった。

そんな隊員たちの思いを引き受けながらも、納得して任務を全うしてもらうのも指揮官の務めだ。

気になるのは、国民の期待の高まりとともに「大したことができない」と思いがちになり、自責の念にかられる隊員が多いことだ。

「当初は、遺体の発見にショックを受けていましたが、今は見つけられないことが辛いんです」

大川小学校には、毎日、わが子を探す人々の姿がある。残った家族がしっかりと手をつないで周辺を歩いている姿を見ると、離れ離れになった子が1日も早く家に帰れるよう願わずにはいられない。

その家族もまた、地震が起きてすぐに子供を迎えに来ていればと、自責の念にかられている。津波が来るなど想定外の場所だったが、その思いは募るばかりだ。それぞれの無力感が交差する。

各部隊は「『頑張って』と言われてきたからには」と無理を重ね、東北の隊員たちは「地元なのだから、もっとやらねば」と気負う。彼らを救う魔法の言葉はないのかと、指揮官も模索する。

それを知った曹長のトップが現地に駆けつけた。

「俺たちはみんなで日本を守っているんだぞ。助け合ってやろう」

純粋な隊員たちの真心、指揮官の決断、時には階級を超え檄《げき》を飛ばすベテラン、どれも欠かせない自衛隊の力なのだ。

ゴム手袋、胴付き長靴、線香

未曾有の大震災に際し、「10万人体制」がとられている自衛隊だが、この中には、輸送業務や燃料・糧食などの補給を行う後方部隊、いわゆる兵站《へいたん》を担う面々もいる。全国から大移動して東北に結集する部隊に、速やかにかつ滞りなく、必要な物を送る隊員たちだ。

「ゴム手袋、胴付き長靴、線香……」

これまで想定したことのない要望が相次ぎ、対応に四苦八苦することになる。

津波で流された遺体の取り扱いは困難を極め、服に死臭が染み付いた。汚泥の中での作業に、せめて長いゴム手袋と腰まで覆うようなゴム製の作業靴（胴付き長靴）があれば……という要望を受けて、彼らは奔走することになる。

「よく漁師さんが着ているあれか？」

「何という名称で、どこで作っているんだ」

一刻も早く、少しでも隊員が現場で活動しやすくなるために、慌しく探し始めた。

「作ってないらしい」

該当する工場をあたっても、製造していなかったり、在庫がなかったりする。長いゴム手袋も、なかなか見つからなかった。仮に調達できることが分かっても、全ての隊員に行き渡らせるのは容易ではない。

ある者は企業と必死で交渉し、ある者はホームセンターを探し回った。

また、手が洗えずに臭いが取れないので、ハンドソープや消臭スプレーが欲しいという声も出ていた。

要望をあまり言いたがらない現場隊員が口にするくらいだから、よほどのことだろう。

「何でも送ってやりたい」と思うが、消臭スプレーには待ったがかかった。

後で同じ臭いを嗅いだときに辛い場面を思い出してしまうという、メンタルヘルス面での指摘があったからだ。

「生活支援をしている隊員には『ありがとう』の言葉があるが、ご遺体は語ってくれません」

直接、声は掛けられないが、せめて、現場で頑張っている「戦友」を物資で支援したいという思いが募る。

「隊員に我慢をさせてしまい申し訳ない」と、震災から一度も休んでいない者も多い。

「輜重輪卒《しちょうゆそつ》が兵隊ならば蝶々トンボも鳥のうち」

兵站軽視の風潮が先の大戦では致命的となったが、今もその役割の重要性は、あまり知られていない。

しかし、彼らが強くたくましい自衛隊を支えているのだ。

「非効率」「ルール違反」という選択

「もう、やめた方がいいですよ」

陸自隊員がひたすら水中捜索をするところに通りかかった警察官が、傍にいた防衛省職員に声をかけた。

水死した遺体は、しばらく水面に浮かんだ後すぐに沈み、1週間ほどたつと炭酸ガスがたまって再浮上するが、やがてまた沈む。その後は浮かんでくることがない。すでに、その時期になっていたことから、見かねた警察官が忠告したのだ。

防衛省職員が中隊長にそのことを告げると、「分かっているんです。分かってはいるんですが、どうしてもやめられないんです。合理的でないと言われれば反論はできません。でも、どうしても……。私の判断は間違っているんでしょうか?」と言う。

効果の上がらない作業に従事させることが是か非か。長い沈黙の後、職員は、「そのまま作業を続けてください」と答えた。

ある学校を通りかかった小隊が、先生から「どうしても金庫にしまった成績表を引き上げたいんです」と頼まれた。子供が行方不明のままの親御さんに、せめてもの形見にしてあげたいという。

泥沼の中から金庫を取り出すのは至難の業だったが、小隊全員でなんとか地上へ。そこに視察中の上官が通りかかった。小隊長が慌てて、「すみませんでした。今後は捜索に集中しますので、今回だけは見逃してください」と懇願したところ、「素晴らしいことだ」と逆に褒められたという。

厳密に言えば「非効率」「ルール違反」なのだろう。しかし、人の大事にする物を自分も大事にする心は理屈を超越する。それを決断し、また、見逃す勇気が彼らにはある。

無理だと誰もが思っても、むなしい時間だと知っていても、人々は毎日、同じ場所に来て行方不明の家族を探す。その側で懸命に活動する自衛官の姿が、どんなに支えになっているだろうか。

「俺、自衛隊に入る」

ポツリと小学生が言った。なぜ？　と聞くと、次のようなことだった。

津波にのまれた父親が帰って来るのではないかと毎日、ずっと海を見つめていたところ、若い自衛官に声を掛けられた。そこに佇《たたず》む理由を話すと、その自衛官は何も言わずに肩に手を置いて、しばらくの間、一緒に海を見てくれたのだという。

震災の悲しみを乗り越えたとき、彼らの姿はもう被災地にはないかもしれない。しかし、強く優しい戦士たちの物語は日本人の心に刻まれるだろう。

震災から1カ月。この春もまた、自衛隊の新隊員教育が始まった。

もしもの時に備えよ

単身赴任中のある幹部自衛官は、大型連休を前に、久しぶりの帰宅を一瞬、躊躇した。

東日本大震災が起きてから、妻や娘が近所の人たちから、「ご主人が大活躍ですね」「お父さん頑張ってるね」と言われているからだ。

「うちは行ってない」

と、言い出せなくなってしまったのだ。

派遣部隊はテレビに映ることもあるが、待機部隊は見えない。後方で支援をしても現場に行かなければ、派遣手当ても付かない。

しかし、部下たちにも自分自身にも「もしもの時に備えることは極めて大事」だと言い聞かせ、士気と緊張感を維持しなければならない。

「本当は現場に行って、活動したい」

それが、ほとんど全ての隊員の本音だ。

夜10時ごろ、東京・市ケ谷の防衛省の一室に、戦闘服を着て缶詰の夕食をとっている数人の陸上自衛官がいた。

「私たちも被災現場で一緒に活動しているつもりでいるんですよ」

震災発生から、すでに1カ月以上がたち、街には平常の風景が戻っているが、彼らの気持ちは被災地とつながっている。

被災者や頑張っている仲間のことを考えると、風呂に入るのも気がひけるし、色々なことが気になって仕方がない。日ごろから、細かい気配りをする自衛官ならではの心配事が頭をよぎる。

「漁港付近の捜索では、魚の腐敗臭がひどい。糧食に魚の缶詰は避けた方がいいのでは？」

「残飯を出さないために、缶詰の汁まで飲み干してしまう隊員も多いので、「塩分過剰摂取になりやしないか」」。

また、缶詰のご飯には、腹持ちがいいということで「赤飯」があるが、かつて災害派遣で「こんな時に赤飯だなんて！」と言われた苦い経験から、被災者の感情を考慮して出すのをやめよう……などなど。

こうした自衛官の繊細なまでの思考は、彼らの性格によるものではなく、日ごろの訓練のたまものだ。

「国民のために何ができるのか」。常に考え分析する。与える印象を考え、ワイシャツのボタンから、ズボンの折り目に至るまで気にするほどの細かさである。

だから、本当は被災者のために何でもしてあげたいと考えるが、「できない」ということが、とりわけ悔しいのだ。

被災地での行方不明者捜索は、胸まで泥水に浸かりながら行うが、掘っても掘ってもヘドロはいうことをきかない。

3月末、6歳の息子を探しているという母親から懇願され、ある小隊がその自宅があったという場所を掘り返した。

渾身の力を込めても、泥はあざ笑うように作業を阻む。30分ほどたったころだろうか、底の方で何かに触れた。引き上げてみると、黄土色をしているが人形であることが分かった。

「ウルトラマン……」

持っていた水筒の水をかけると、姿が現れた。

その場にいた隊員の1人は、ウルトラマン人形で遊ぶ自分の息子と重なり、泣きたい気持ちになった。

「息子が、大事にしていたんです」

受け取った母親は、そう言って丁寧に泥を拭き取り、何度も何度も頭を下げた。何処へ帰るのだろうか、もうすぐ4月だというのに雪が舞い始める中、母親は立ち去っていったという。

派遣された者もされない者も、歯がゆく悔しい思いをしている。

ある幹部自衛官は言う。

「なぜ、自衛隊がこんなにも長期間、感情を抑えながら活動を続けられるのかというと、日ごろ、もっと厳しい訓練をしているからです。他国の侵攻など、最悪の事態に備えているからこそ乗り越えられるのです」

しかし、その「もしも」の時が幸いにも来なければ、中でも陸自の場合は、常に訓練と待機が続き、その存在理由が分かり難かった。

何も起きなければ一見ムダなもの。しかし、日々、きめ細かい計画を立て、それをもとに訓練をこなし、待機する自衛隊だからこそ、国難に対処できる。

今、日本には「ムダな部分が必要」と、気付くときなのかもしれない。

第三章――決断

フクシマには隊長が最初に突っ込んだ

大型連休真っただ中の5月3日、福島県内のJヴィレッジに陸海空自衛隊の消防車12両と74式戦車2両が並び、その横に隊員が整列していた。

この日、震災発生から続いた彼らの「戦い」に、1つのピリオドが打たれた。自衛隊の放水冷却隊（消防隊）と機動路啓開隊（戦車部隊）の編成が解かれたのだ。活動期間中、ずっと緊張しっぱなしだった隊員たちは、薫風《くんぷう》に促《うなが》されるように、少しだけ肩の力を抜いた。

「よくやってくれた」

現地調整所のトップを務めた、陸上自衛隊中央即応集団（ＣＲＦ）副司令官の田浦正人陸将補の表情からは、隊員への言い尽くせない思いがうかがえた。

イラク派遣では復興業務支援隊長を務めるなど、いわば大舞台を経験してきた指揮官だが、この50日余りは、実に熾烈《しれつ》な日々を送った。

その始まりは震災発生の当日――。

CRF隷下《れいか》の中央特殊武器防護隊（中特防）が、直ちに福島原発に出動し、冷却作業などにあたることになった。3月14日には爆発事故も発生。これにより、先頭に立った隊長以下4人の負傷者を出した。「絶対に安全です」という東京電力の見解を信じての活動だったが、大きなショックを受けた。

しかし、中特防メンバーから出た言葉は予想に反するものだった。

「隊長が最初に突っ込んだんだ。オレたちも行こう！」

ヤツらはやってくれる……そう確信した。真っ先に突入した、部下である中特防隊長のためにも「自衛隊はやるぞ」という思いを強めた。

3月17日からは、全国から自衛隊の消防隊が集結した。

普段から共同して作戦行動をとっている隊員たちではない、まして海空自衛隊の隊員とは初めて顔を合わせる。寄せ集め部隊だった。

原発対処のノウハウなどないが、でも他にやる者がないのなら……わらにもすがるような求めに応じて集められた隊員たちだ。不安がないといえば嘘になる。

そんな思いでいると、「中隊長！」と呼ぶ声に気付いた。群馬県相馬原《そうまがはら》の陸自第12旅団から赴いた隊員だった。

戦車乗りだった田浦陸将補がかつて所属した部隊だ。当時の部下が、どういうわけか消防車に乗っている。

「お前、なんでこんな所にいるんだ！」

「中隊長こそ！」

思いがけない再会に、一瞬、顔がほころんだ。

独身だから自分が原発に行きます

陸海空自衛隊の消防車によって結成された東京電力福島第1原発への放水冷却隊。と、言っても彼らは決して消防のプロではない。

陸自の消防車ドライバーに関して言えば、昨今の予算減、人員削減の余波により、たまたまこの部署に異動になって任務に就いている者が多い。

田浦副司令官を「中隊長」と呼んだ隊員も、やはり機甲科（戦車）から職種転換した末に消防隊に入っていた。

当然、戦車に乗り続けていたかっただろう。しかし、戦車の数も減り続けているのでかなわない。やむを得ず消防隊に行き場を求めたことを考えれば、今回の任務を「不幸な巡り合わせ」と捉えてもおかしくないが、士気は旺盛だった。

他の面々も、皆、思いもよらない派遣だった。そもそも自衛隊の消防隊とは、基地や駐屯地内だけで活動する人たちで、外に出ることは、近傍《きんぼう》火災などの事態以外はあまり想定していない。

それが、今回、最も危険な所に突入する役目となったのだ。

「何で、父ちゃんなの？」

ある陸曹は泣きじゃくる5歳の息子に言った。

「父ちゃん、やりたいんだ。今まで役立たずだったので、やらせてくれ。たまには、いい格好をさせてくれよ」

息子は赤ちゃんがえりして、おねしょをするようになってしまったが、父ちゃんは派遣メンバーになることを強く望んでやってきた。

普段、「イケメン」と評判の20代もメンバーに入っていた。上官が、なぜ手をあげたのか問うと、独身だから家族持ちの先輩ではなく、自分が行くほうがいいのだと答える。

「お前、平成生まれの顔しながら、思いっきり昭和してるなあ」

予想外の「今どきの若い者」の真剣なまなざしに、こみ上げるものを抑え、笑うしかなかった。

10キロもある防護服を全身にまとい、真冬でも、長靴を脱ぐと汗が滝のように流れ出るほど過酷な条件下での放水作業。

暑さと重さで身体が思うように動かない。いざ原子炉を目の前にして、見えない放射線の恐怖と高ぶる気持ちで、涙を流している者もいた。

空自の消防隊も、本来、スクランブル（緊急発進）する戦闘機を、無事を祈りながら見送る立場だ。心配そうに送り出される側になるとは考えたこともなかった。しかし、誰もが任務を恨むことはなく、口をそろえた。

「今まで自衛隊で飯を食べてきたのは、この時のため。長い自衛官生活、一度くらいはお役に立ちたいんです！」

1人原発に向かった指揮官

自衛隊の消防隊による原発への放水作業が始まったが、水量は決して満足なものではなかった。そこで3月18日、東京消防庁ハイパーレスキュー隊が投入された。

ところが、準備に手間取り放水ができない。

「ハイパーレスキュー隊は下がれ！　自衛隊が出ろ！」

焦りのあまり政府の対策本部から怒号が飛ぶ。しかし、防衛省幹部は、今、彼らを下げて自衛隊が代わることによる効果や、かかる時間を考慮すると、即断は慎むべきと考えた。

それに、せっかく来てくれた彼らの誇りを傷つけることは避けたい。決断は現場に預けるように懇願した。

じりじりと1時間が過ぎたその時だった。ハイパーレスキュー隊の消防車から水が噴き出した。

「やった！」

自衛隊員とハイパーレスキュー隊員は、涙ながらに固い握手を交わした。

彼らが去った後も、自衛隊消防隊の活動は続き、むしろ、より厳しい要請が寄せられるようになった。

午前の放水を終え、原発から20キロ離れたJヴィレッジに、やっと戻ったとき、再度出動を求められたことがあった。

放水にあたる一連の作業は手間がかかる。まず消防車にタングステンシートを張り詰めるなどの準備を行い、Jヴィレッジから原発までは、地震による悪路のため1時間かかる。

2時間の放水をし、戻ってから全員が放射線量の計測をする全行程で、約8時間は見込まなければならない。その頃には皆、疲労困憊していた。

「まだ、線量も計ってないのに、行けねーよ！」

若い隊員は思わず叫び、周囲の者も騒ぎ始めた。

その時、その場の指揮官が立ち上がったと思うと、防護服を着込んで出ていった。

1人原発に向かったのだ。

自ら4号機の前で線量を計り、安全を確認した後に帰ってきたトップの姿を見て、もう誰にも迷いはなかった。

「オレたちも行こう」

自ら示した命懸けの姿に納得したのだ。

「指揮官は男らしいな、きっと九州男児だな」

海自隊員が何気なく言った言葉に、1人の陸自隊員はハッとした。かつて、「自分は長崎出身の被曝二世だ」と教えてくれたことを思い出したのだ。誰より放射能の恐ろしさを知っているはずだ。

そんな思いが伝わったのだろうか、指揮官は独り言のように言った。

「大丈夫だ。無理はせんけん。させんけん」

数日前まで名前も知らなかった隊員たちが、心を一つにした瞬間だった。

ニュースにならない神業と勇士

「原発に戦車が出動！」

3月20日、メディアは大々的に報じた。がれき除去のため、白羽の矢が立ったのだ。また、海上自衛隊の多用途支援艦に曳航《えいこう》されて、米軍貸与のバージ船も放水の準備をすることになった。

そのころ、実際の放水作業は「キリン」と呼ばれる大型アームなどの導入により、自衛隊の消防隊は「待機」の状態が続いていた。そんな時、テレビの画面にふと目をやると、

「感動をありがとう」

ハイパーレスキュー隊が取り上げられている。数時間ではあったが、共に支え合い

涙した仲間が注目されることはうれしい。しかし、自衛隊の待機は、その後も続いていたのだ。

「オレたち、もう終わってるのかなあ」

何人かがうな垂れた。「待機」はニュースにはならない。しかし、隊員たちは、日に何度も起きる余震の度に緊急体制に入り、防護服に身を包み、被曝覚悟で車両に乗り込んでいた。

戦車やバージ船も、結果的に、役に立たなかった印象もあるが、他に策なき段になったときは満を持して活用すべく、猛訓練をしていた。

最後に頼る手段が、そこに在ることは現場の安心感にも繋がり、意味は大きい。

「ほとんど神業だな！」

74式戦車の瓦礫除去訓練は、いつの間にか飛躍的進歩を遂げていた。

防護服を着て、ハッチを閉めての作業は、サウナどころではない暑さと視界不良だ。それでも潜望鏡を駆使し、車長と操縦手の絶妙の呼吸で、見事に瓦礫を脇に寄せる。

自らの功績を披露《ひろう》することを好まない組織ゆえ、こうした努力や功績は、なかなか世に知られない。

3号炉爆発に伴い、オフサイトセンターが県庁に移転することになった3月15日のこと。大移動の殿《しんがり》を務めた中央即応集団（ＣＲＦ）の、もう１人の副司令官（当時）である今浦勇紀陸将補を乗せた車両が双葉町にさしかかると、全員が避難して誰もいないはずの集落に、70代くらいだろうか、夫婦らしき姿を確認した。

聞けば、避難バスに乗り遅れ、自家用車のガソリンもないという。

車両は人と荷物が満載されていたが、「荷物は捨てよう」と、大半をその場に置き、２人を救って避難所まで送り届けていたことが、夫婦からの礼状で明らかになった。

「海上保安庁には『海猿《うみざる》』がいるが、自衛隊は『言わざる』ばかりだ」

誰かが言った。この無口な勇士の活動は、その後も続いた。

福島原発所長が涙した言葉

福島第1原発対処をめぐって、陸上自衛隊隊員の間では、ちょっとしたモメ事が起きた。

「ダメです班長！」

通常、消防車は3人で乗り込むが、いざ突っ込むことになったとき、被曝量を最小限にするために2人で突入することになったのだ。

「オレが行く」という班長に、あとの若い2人が語気を強めて言った。

「独身者の自分たちが行きます。何かあったら奥さんに合わせる顔がありません！」

新婚の班長に対し、初めて意見を具申した。

「独身は将来があるんだから行くな」

そう家族持ちが言えば、「家族持ちこそ、守るべき人がいるんだから行っちゃいけない」と反論する。そんなやり取りが繰り返された。

そのうちに、「もう希望をとるのはやめてください。『行け』と言ってください」と多くの隊員が言い出した。

海上自衛隊では「年寄りが行こう。若い連中は未来がある」と、40歳過ぎが集合した。

実は、1991年の4月、海自の掃海部隊がペルシャ湾に派遣され、これが自衛隊初の海外での活動となったが、その際、危険な機雷の見張り任務を進んで請け負ったのは、当時40代以上のベテランたちだった。「年寄りに任せろ」は、その時のセリフだ。

あれから20年、当時の「若い連中」が自称「年寄り」になった今、歴史は繰り返されている。

しかし、海自らしく、洋上での出来事ならともかく、まさか原発に突っ込んでいくことになるとは、想像だにしなかっただろうが……。

震災3日後に爆発事故が起きたことは、確かにショックだった。しかし、その後、自衛隊幹部は、現場責任者である東京電力の所長を訪ねている。

「『安全です』と言いながら事故を起こしてしまった」と、所長は深々と頭を下げたが、返された言葉に耳を疑った。

「大丈夫です。もう隊長も復帰しました。最後はわれわれが必ず助けます」

責められ、罵倒される覚悟だった所長の目からぽろぽろと涙がこぼれた。

支え合わなければ、この国難を乗り越えることはできない。街から灯りが消えたが、東電関係者の心の内も暗闇に違いない。そんな中では「人の真心」だけが唯一の灯だ。批判されながらも、命令一下、現場で汗を流してきた自衛官には、それがよく分かっていた。

自衛隊消防隊などはすでに帰隊している。しかし、今も福島では自衛隊による除染作業など、必死の活動が続いている。

自衛隊海外派遣20年の節目だった

近年、海上自衛隊の新隊員が、艦艇に乗りたがらないという。航空機の人気は高いが、「キツイ、キケン、カエレナイ」の３Ｋ⁉　だといわれる船乗りを希望したがらないのだ。

「台風が来たら、普通のお父さんは帰ってきますが、自衛隊のお父さんは出ていくんですよ」

確かに、ある海自隊員の妻は、よく嘆いていた。

その海自艦艇、近年はインド洋やソマリア沖など、海外で活動する機会も増え、国際貢献という形で国防を担っている。国際的評価は高く、それが隊員たちの平素の不満を拭《ぬぐ》い、大いに励みになっている。

先がけとなったのが、今から20年前の掃海部隊のペルシャ湾派遣だった。何しろ、初めての自衛隊海外派遣で、出港の日までドタバタの大騒ぎだった。

そのため、航空基地に着任した歓迎会の席で、掃海隊群司令部への異動命令を受け、急きょ、送別会になってしまったとか、数日前にいきなり派遣を命じられた者など、当事者やその家族にとっては、心の準備も何もなかった。

しかし、掃海艇という小さな木造船が、はるか中東の海まで赴き、厳しい環境下で任務を見事に全うし帰国したことは、海自にとって大きな自信となった。

また、自分で自分の国のシーレーンを守るために努力する姿勢は、外国から一人前の国家として認められることになった。掃海部隊は、それを身をもって実行したのだ。

その海自にとっても、日本にとっても大きな一歩を踏み出した日である4月26日を迎えるにあたり、福本出掃海隊群司令はいろいろと思いを巡らせていた。

今年は20年の節目である。そのタイミングにこの職に就いたことは、自身が世話になった掃海部隊のために、誇るべき航跡を残してくれた先輩たちのために、「何か然るべき恩返しをするため」と考えていたのだ。

3月11日午後、掃海隊群の所在する横須賀の海は穏やかだった。20年前、補給艦「ときわ」掃海艇「さくしま」「あわしま」がここから旅立ったが、海は当時と何も変わらないように見える。

その晩は、すでに引退したペルシャ湾経験者の先輩に会い、節目の企画について意見を仰ぐことになっていた。同行する幕僚は地方に出張中で、すでに新幹線に乗車した旨、連絡があった。

「夜までには間に合うな」――そう言って電話を切った。その時、グラッという大きな震動が庁舎を襲った。

行方不明者捜索に海のエリート集団が集結

「これは大変なことになりそうだ……」

福本掃海隊群司令は直感し、即座に造船所で修理中の掃海母艦「うらが」などの状況を確認した。無事が分かりホッとしたのもつかの間、各地に大津波警報が発令されたことを知る。

「『やえやま』は出港!」

横須賀には掃海艦「やえやま」が在泊していたのだ。岸壁に係留していると津波に襲われる危険があるため、沖合に出すのである。「自衛隊のお父さんは台風が来ると出ていく」のはこのためだ。

それにしても、幕僚長など主要な参謀が出張で不在だったことは痛手だった。しかし、残っていた幕僚たちを見ると、先輩の代わりを務めようと必死になって、それぞれの役割を果たしている。

後進は着実に育っていることを、思いがけず知ることになった。

「まずは状況把握！」

情報収集と海上自衛隊の災害派遣態勢の動きをつかむために、群司令も同じ横須賀に所在する自衛艦隊司令部内の作戦室に入った。掃海部隊の、いや、自衛隊の総力をあげて災害対処にあたる必要がある。その場の思いは皆、同じだった。

「ＥＯＤを集めよう」

掃海部隊に所属する水中処分員のことだ。爆発物を処理する海のエリート集団である。

奥尻島津波時の災害派遣の教訓から、行方不明者の捜索に不可欠と判断した。各地に所在するＥＯＤとゴムボートを、横須賀に集結させる調整を開始する。

掃海部隊は、機雷除去のみならず災害派遣での出動も数多い。そのため、助言をする人材には事欠かず、決断は早かった。

「『ぶんご』を引き返させよう！」

全国から掃海艇やＥＯＤを東北に集結させるにあたり、掃海母艦の存在は不可欠だ。

しかし、2隻ある掃海母艦のうち「うらが」はドックに入っていて動けない。そのため、シンガポールでの訓練に向かっていた「ぶんご」と掃海艦「はちじょう」掃海艇「みやじま」の訓練参加取りやめが決定された。

「『ぶんご』横須賀到着は13日夕刻予定」

報告を受けると、それに合わせ、支援物資や必要機材の準備に当たり、群司令以下、全員が司令部に泊まり込みで指揮を執った。

そして13日、予定どおり「ぶんご」が入港。

「出港は2100！」

直ちに救援物資を搭載し全国から集まったEODが次々に乗艦。騒然とする中、海の精鋭たちの表情はいたって冷静だった。

「前方に浮遊物！ご遺体と思われる」

爆発物を処理する海のエリート集団、ＥＯＤ。これまで船舶の衝突事故や海に墜落した航空機事故、河川の氾濫《はんらん》時の行方不明者捜索など、数多くの経験があり、何ができて、何ができないかについて熟知していた。

普段、機雷と向き合う厳しい訓練をこなしているからこその実力だ。

しかし、被災現場に着くと、これまでの経験を超えた惨状がそこにあった。「瓦礫」と、ひと言で言えば空虚な響きだが、そこには数日前までの人間の暮らしそのものがむなしく浮いていた。辺りには油の臭いが漂い、汁粉のように濁った海では視界の確保は到底できない。

「まずは調査だ」と、群司令はＥＯＤをすぐには潜らせなかった。

海は、真夏でも潜れば極寒の世界で体力・気力の消耗は激しい。まして冬は、歯の根も合わなくなる程で、判断力も著しく奪われる。まずは状況を把握することが必要と判断したのだ。

ただ、事態は一刻を争い、焦りもあった。

「早くしなければ、生存者を救助できない」

そんな声も聞こえてきた。しかし、ここで判断を見誤り、二次被害を出してしまっては、捜索活動が立ち行かなくなるだろう。

そういえば、ペルシャ湾派遣の時も「すぐにとりかかれ」という中央からの指示に、現場指揮官は苦悩したらしいが、同じ境遇になるとその気持ちがよく分かる。そして、今にでも飛び込んで捜索を始めたい思いは、現場のＥＯＤたちが最も強かった。

ジリジリとしながら待ち、とうとう命令が下る。ＥＯＤが混濁の海に入っていった。

「ロープがプロペラに絡みついて、航行不能になっている艦艇があるようです！」

その時、報告が入った。しかも1隻や2隻ではない。次は自分たちの艦もやられるかもしれない。警戒しながら、他の艦艇を助けるため、やはりＥＯＤが作業に駆けつける。

水上からの捜索も厳しい条件だった。各艦艇では雪で白くなった甲板上で目を皿のようにして探している。シンガポールに向かうはずの隊員たちの服装は夏用で、震えながらの作業であったが、不満を口にするものはなかった。

「前方に浮遊物！　ご遺体と思われる」

緊張が走った。初めて遺体を見る隊員も少なくない。覚悟はしていたが、これから幾度となくこの現実と対峙《たいじ》しなければならないのだ。

リブ（ボート）のＥＯＤが慎重に引き揚げた遺体は女性のようだった。

全員が甲板に集まり、敬礼して見送った

「妊婦さんのご遺体を収容したんです。かわいそうで……」

その若い海上自衛隊隊員は、ショックを隠せず、ずっとそのことを口にしては声を詰まらせた。

ランドセルを背負ったままの子供の遺体を発見して、涙が止まらない隊員もいた。

「ぶんご」艦上には多い時で7柱の遺体が安置された。隊員が手作りで設置した祭壇に線香がたかれ、果物やご飯が供えられる。その後、ヘリコプターで遺体安置所に運ばれるが、ヘリが飛び立つときは、全員が甲板に集まり、敬礼して見送った。

日がたつにつれ、遺体の痛みは激しくなった。隊員たちも震災後、直ちに緊急出港の準備に入り、息つく間もなかった。

行方不明者の捜索は早朝から始まるが、司令部では、その報告書作成などで、深夜までの作業となる。疲労感とともに、生存者を発見できない虚無感で、皆、言葉少なくなっていった。

それでも翌朝には、誰もがテキパキと持ち場の任務をこなしている。

自衛官である責務と誇りが彼らを奮い立たせていたのだ。

被災者への生活支援も、震災発生の日から到着した艦艇により始められていた。掃海部隊は小型艦艇である特徴を生かし、リアス式海岸の入り組んだ半島や、湾の奥に点在する孤立した集落の被災者支援にあたっていた。

「どなたかいらっしゃいませんか――」

陸に上がり、メガホンで呼びかけているのはＥＯＤだった。陸上からの行方不明者捜索も行っていたのだ。被災者に出会うと、御用聞きもした。

掃海部隊では同じ艇が毎回、同じ島を支援し、なるべく人生経験豊富なベテランが行くようにしていた。いつも違う人が来ると、島の人も同じ説明を何度もすることになるし、若い者より話しやすいだろうという配慮だった。

「大変ですが、頑張ってください」

支援物資の入った段ボールに若い隊員はメッセージを書いて託した。そして、自分たちが買って持っていたお菓子を集め、子供たち向けにポリ袋に小分けにした。

「外よりも寒いな……」

福本掃海隊群司令は、避難所の体育館に入った。足を踏み入れなければ分からない空気と温度。それを感じたかったのだ。指揮官自らそんなことをするのは、適切ではないかもしれない。しかし、この部隊に脈々と流れるのは、そんな常識を気にしない大胆なDNAだ。護衛艦乗りとはまた違う、掃海部隊ならではの流儀だった。

群司令はメガホンを手に取った。

子供たちの「艦上卒業式」

「1万食の食糧と水を持ってきました、安心してください！」

気仙沼・大島の体育館で、掃海隊群司令自らがメガホンで呼びかけた。震災発生以来、プールの水や地下水を飲んでしのいでいたというが、それもあと僅かだったのだ。

さらに聞くと、震災の日に発生した海上火災で消防車を出動させたため、なけなしの燃料を使い果たしてしまったという。

緊急事態ということで自衛隊からの燃料提供も可能になっていたことから、軽油などを存分に差し出した。

「ありがとうございます……」

島の代表者は涙ながらに何度も頭を下げた。

しかし、どの島でもそうだったが、避難所暮らしでも人々の雰囲気は決して暗くなく、たくましさがあった。みんなが気さくに話しかけてきて、心労がたまっていた隊員たちにとっても、それは大きな励みになった。

ある島では、掃海艇を見て、自衛艦らしからぬ小さな船が近付いてきたと、「どこぞの不審船では?」と案じた島の漁師が、木刀を持って待ち構えていて隊員を驚かせたという。自分たちの生きる土地を愛する思いは、自衛官の人後に落ちない。

対する掃海部隊は訓練の前に、こわもての漁師たちを相手に補償の交渉をするのが通例であり、いきなりにらまれても動じることはない。

「海上自衛隊参上!」

と、言ったかどうかは分からないが、堂々たるもの。木造船で養われる気質はどこか似ているのだろうか……。

「もうすぐ卒業式があるのですが、まともにはできそうにありません」

群司令は島民がこぼした一言が気になっていた。

「そうだ!」と思いついたのは、「艦上卒業式」。ひそかに準備が進められ、迎えた当日、隊員手作りの「祝!卒業」と書かれたリボンと垂れ幕が掲げられた。誰が命じるわけでもないが、隊員が夜遅くまで作業したに違いない。

お腹がペコペコだった子供たちは、用意されたカレーライスを大喜びで平らげた。「6杯が最高記録」と聞いて、7杯も食べた男の子、船酔いしながらも無理して食べていた子もいた。久しぶりに艦内に笑い声がこだました。

悲しみを乗り越えて、成長していく子供たち。くじけそうになったら、艦上で撮った卒業写真を見てほしい、そんな思いで隊員たちは子供たちを見送った。

気質は荒いが情に厚い。掃海部隊の航跡は、ペルシャ湾派遣から20年たった今、東北の海に繋がった。

第四章——団結

「自己完結」できる理由

被災地に行ってきた人が、こんなことを言った。

「救援活動に来ている人で宿泊施設はいっぱいだったけど、自衛隊は泊まってなかったよ」

気の毒に思ったというが、自衛官たちにとっては至極当然のことなのである。自衛隊は「自己完結能力」を持っている組織。つまり、自分たちで何でもこなすのだ。災害派遣に出ても、宿泊所を必要としない。天幕を張って食事も作る。そして、組織内において「使う側」のニーズに「供給する側」が即座に応じられることも特徴だ。

今回の震災では、悪路でも走行できる96式装輪装甲車（WAPC）が緊急時の人員輸送などに備えるために派遣されたが、被災者が乗りやすいように手すりや昇降板を取り付けることになった。しかも、「一刻も早く」という要求である。

まず、材料を手に入れることから始まり、陸上自衛隊関東補給処ですぐに作業を開始。知恵を絞り、乗る人の安全に配慮した車両に生まれ変わらせた。

「3日くらいは徹夜したんじゃないですか……」

関係者は振り返る。

また、海上自衛隊では、福島第1原発事故の対処のため米軍から提供されたバージ船を曳航することになり、大型タグボート（多用途支援艦）1隻とYT（港内用タグボート）3隻が派遣されることになった。

被曝を少しでも防ごうと、横須賀造修補給所工作部が船内の空気密閉のための措置や、操舵室周辺の防護板の取り付け、タングステンシートの敷設を施した。

作戦の実施が決定されたのが3月24日夕刻、翌朝には曳航し始めるということで、関係者いわく「地獄の作業」となった。

しかもその後、船が小名浜に進出したため、陸上から追いかけて行って工事を続けた。

こうした、いわゆる「後方」の奮闘は、災害派遣の光景として国民の目に触れることはない。しかし、彼ら無しでは自衛隊の活動は成り立たないのだ。自衛隊の「自己完結」とは、人の力がいらないということじゃない。「人の力があってこそ」という意味なのである。家族もまた然りだ。

ある隊員が、つかの間の戦力回復で自宅に帰り、被災地に戻る前日のこと。妻と娘がかしこまって待っていた。

「これ持っていって」

手渡されたのは千羽鶴だった。わずか3日で作ったという。「ありがとう……」――力が湧いてくるのが分かった。

自己完結。しかし、誰かと手を携《たずさ》えて、自衛隊は成り立っている。

2500社の関連企業も闘った

大震災が3月に起きたことによる「海上自衛隊ならではの事情」が、いくつかあった。

まず、その日はちょうど海自幹部自衛官の昇任試験だった。地震の発生で急ぎ港に戻ったが、緊急出港だったため艦艇は多くの若手幹部を乗せぬまま被災現場に出ていくことになった。

人事異動の時期でもあり、前日に荷物をまとめて転勤先に送ってしまったという隊員もいた。

「パンツ1枚で1カ月ってわけには……ねえ」

ということで、艦が修理に入ったときに必要な物を買いに行ったが、私服も靴もなかった上、長期戦に備えかなりの出費になってしまったのだとか。苦労話は枚挙にいとまがない。

そして、この頃は海自艦艇のドック入り（修理）が集中する時期でもあった。

実は、艦艇の修理費は数年に分けて予算化されている。護衛艦などのメンテナンスにはお金がかかるが、予算が減り続けているために1年分では捻出できないからだ。そのため、年度をまたぐかっこうで工事を行う必要があり、どうしても年度末に造船所が忙しくなる。

今回、緊急出港した中にも、修理中でドックに入っていたり、修理直前だった艦艇が多数あった。燃料や弾薬は全て陸揚げされている。つまり、艦艇としての機能を失っている状態だ。すぐに積み直して出港するのは容易なことではない。

「間に合うかな……」

海自隊員の心配をよそに、当たり前のように一緒に作業を始めたのは関連企業の人たちだった。

「一緒に骨身を惜しまずやってくれて、翌朝には出港できたんです」

隊員たちは感謝しきりだが、受注していた造船所に残ったのは、仕事がなくなった施設と人員だった。

計画していた船の修理ができなくなったことは、その時期の仕事に大きな穴が開くことであり、企業は経営的に、苦しい立場に追い込まれることになる。しかし、1社たりとも不満をもらす企業はなかったという。

護衛艦1隻を作るために大企業から小さな町工場まで約2500社が関係するといわれる。その多くの企業が日頃から自衛隊をサポートしていて、急な故障と聞けば夜中だろうが駆けつけるなどは日常茶飯事だ。

そして、それは必ずしも商売にならず、つまり「お客さんだから」という理由だけでは説明できない。己を捨てて社会に貢献する意識、そうした無形の思いがなければ成り立たないのである。

民間フェリーの心意気

「一刻も早く東北へ！」

そう言って、いち早く出動したのは北海道の陸上自衛隊だった。多くの部隊が南下を始めたものの、実は、すぐに被災現場にたどり着くことができなかった。津軽海峡を渡る手段がなかったからだ。

海空自衛隊との統合運用により移動することが理想だが、東北の飛行場が使えなかったことや、海自の輸送艦は3隻しかなく、1隻が修理中、もう1隻が訓練で海外に向かっており、あとの1隻は救援活動に出たために、どれも陸自隊員を乗せることはできなかった。

そこで、多くの隊員や車両を運ぶことになったのが民間のフェリーだった。

3月11日、たまたま東京に出張で来ていたあるフェリー会社の担当部長は、ホテルで一晩中、対応に追われることになった。震災直後の大津波警報により、北海道付近を航行していたフェリーは全て沖合に避難。安全が確保できた後に、人と車を降ろす措置がとられた。

そして、次に取り掛かったのは、災害派遣にいかに役立つかだった。

「私たちも国のために貢献させてください！」

防衛省に赴き、そう申し出たのは12日の早朝だった。いてもたってもいられず、夜明けを待ってホテルを飛び出したのだ。関西の出身。阪神・淡路大震災で自宅が全壊した経験を持つ。「少しでも早く自衛隊に出てほしい」。自身の辛い経験を繰り返してほしくないという思いもあった。

陸上幕僚監部では一睡もせずに調整にあたっていたが、充血した目でやってきた彼のその姿は大いに励みになった。その心意気は、他のフェリー会社も同じだった。

それから、怒濤のような手続きが始まった。まず航路の大幅な変更、そして荷役の人の手配、岸壁の確保、人員と燃料の混載許可などなど……。国交省への申請を要することが山ほどあり、煩雑な調整は各社が懸命にこなした。

「訓練していなければ、何をどうしたらいいか分からなかったでしょう」

陸自ではこうした事態も想定し、フェリー各社との輸送行動訓練を行っていたのだ。その経験が、今回の各社の冷静な行動に繋がった。

高速道路料金の割引や無料化政策でフェリー会社の体力は弱まり、廃船に追い込まれるなど「負け組」だといわれることもある。

しかし、もし、彼らの存在と迅速な判断がなかったら、自衛隊の派遣はもっと遅れていたかもしれない。

2頭の警備犬の72時間

震災が発生した日の夜、広島県の呉から1台の車が山口県に向かっていた。未明に到着したのは、海上自衛隊岩国基地。MH－53Eヘリのローターはすでに回っていた。

乗り込んだのは、呉地方隊所属のジャーマンシェパード2頭と、6人の自衛隊員だ。海自厚木基地に飛び、民間の救助犬と合流。宮城県の陸自霞目飛行場を目指した。

正式な名称は「警備犬」。文字通り、普段は呉にある貯油所を守っている。20頭ほどのうち「金剛丸」と「妙見丸」は、杉本正彦海上幕僚長が呉総監時代に命名した。その後、2頭は厳しい訓練や試験を次々にクリアし、国際救助犬の資格を取得。今回の災害派遣に出動することになったのだ。

「すごい光景だ……」

チームのリーダー森田1等陸尉はヘリの窓越しに見える惨状に、息をのんだ。まるで池のような仙台空港や、遠くに立ち上る白煙が、事態の深刻さを物語っていた。

実は、貯油所には陸海空自衛官と事務官が混在している。ゆえに今回の派遣も、陸自1人、海自2人、事務官3人という編成となっていた。

森田1尉は陸自から海自に出向し、リーダーを務めていた。退官を迎える今年、まさかこんな形で災害派遣に出るとは夢にも思わなかった。

しかし、そんなことよりも今は、ケージの中の2頭のことが気がかりだった。

「72時間が勝負だ。頼んだぞ……」

特に金剛丸は、最近、体調を崩していた。それでも、いざ出動となったときは、有事だと察したのか、興奮してやる気にあふれている様子がけなげでならない。

霞目飛行場に到着すると、陸自東北方面輸送隊の車両に乗り込み、拠点となる警察学校へ。そこで待機することになった。

「時間がないというのに、早く現場に出られないのか」

犬は、たとえ虫の息でも生存者を見つければ吠える。呼吸に反応するのだ。だからこそ、生存可能といわれる72時間以内に現場に出ることが重要だ。チームは焦るが、宮城県警の指揮下に入ったために、独自の判断では動けない。

一夜明け、やっと捜索開始が下令された。

CH−47ヘリで女川に入った。目の前に広がるのは、建物の上に電車、バス、船がひっくり返っている悪夢のような街だった。

「まずは、午前中いっぱい頑張ろう！」

2頭と6人の自衛隊員は、水だけを持って現場に駆け出した。

負傷した警備犬も立派な自衛官

捜索を開始した自衛隊の警備犬部隊。目指すは生存者の救出だった。だが、水に浸ったがれきの中では臭気が奪われてしまい、捜索は困難を極めた。

昼休みを挟んで、と言っても犬たちはエサを食べない。1日1食と決まっているのだ。ハンドラー（調教師）と道に腰掛けて、つかの間の休憩をした後、午後も「妙見丸」と「金剛丸」は積極的に動いた。しかし、この日、発見したのは遺体ばかりだった。沈鬱な思いでスタートした翌日。

「ワンワンワン！」

犬たちが吠えた。「生存者だ！」建物の2階に、要介護の老夫婦が取り残されていたのだ。駆けつけた捜索隊がご婦人を救出。しかし、ご主人は動くことができない。

その時だった。

「津波警報が出たぞ！」

誰かが叫んだ。

「退避！」

周囲にいた人たちは高い建物に駆けていく。しかし、目の前の老人を置いて逃げるわけにはいかない。

警備犬部隊のリーダー森田一等陸尉は、1本のロープを取り出した。

「安心してください。必ず助けます」

そして、窓ガラスをたたき破ると、老人と自分の身体をくくり付けた。その場にいた機動隊員に後に続くように指示すると、老人を背負い窓から脱出したのだ。

森田リーダーは、かつてレンジャー教官を務めたこともある。ロープを使っての救助は、レンジャー訓練では基本項目だった。老人を背負って屋根づたい、途中、倒れた大木をくぐって運ぶのは今年退官する身にはこたえたが、レンジャー徽章《きしょう》の誇りは光っていた。

陸海空自衛官と事務官による警備犬部隊には、犬が苦手だった者も少なくない。動物を管理するので、土日も正月も関係ない勤務である。

「なぜ自分が?」

命令だから仕方がないが、望んできた者はいなかった。

何の因果か、リタイア直前に配置となったリーダーは、老夫婦を救出し終え、ドロドロになった2頭の犬を見た。釘やガラスを踏んで足は血だらけになっている。2頭も、心配そうにリーダーを見つめていた。精いっぱいに成果を出そうとしている姿は、まるで自衛官そのものだった。

災害派遣を終えた今、リーダーは残り少ない自衛官生活の間に、警備犬部隊の隊員たちのためにロープを調達し不測の事態に備え訓練を強化しようと考えている。そして、

「退官後は? そうですね……」

犬を飼ってみようかと思っているという。

〈追記〉8月9日、「金剛丸」は肺炎のため、4年の生涯を閉じました。呉地方隊では警備犬慰霊碑をお祀りし、冥福を祈りました。仲間たちと一緒に天国で元気に走り回っていることでしょう。

トモダチ作戦の心

加藤喬・元大尉は、テレビ画面に映し出される未曾有《みぞう》の大災害に目を奪われた。都立新宿高校を卒業後、1979年に渡米し陸軍に入隊。その後、米国防総省外国語学校日本語学部長を務めている。

今日から、そこでの教え子たちが大忙しになることは間違いない……。

携帯電話もメールもなく、街には電話ボックスがたくさんあった時代。記憶に残っているのは、そんな日本の光景だ。それゆえ教え子たちは、言語だけでない、そのころの日本にあった価値観も身に付けることになった。

そして、そのことは言語力以上に欠かせないという思いもあった。真の「トモダチ」として――。

被災し、孤立した宮城県気仙沼市大島では、毎朝夕、海兵隊員による行軍があった。宿泊所から作業現場の徒歩30分の道のりを、島の人が車を使ってくれと言ったが、「ガソリンがもったいない」と丁重に辞退したのだ。

惨状に涙を流しながらも、漁師が使う漁具、アルバム、ぬいぐるみ、持ち主にとって、大事な物や思い出の品は、誰に言われるまでもなく丁寧に泥を拭って並べ置く。それは、学校や駅のがれき除去などいずれの場所においても同様だった。

「正直言って驚きました。彼らが撤収した後、ゴミが散乱しているに違いないと宿舎を掃除しに行ったんですが、全く違ったんです」

米軍と人々の間に入って調整にあたった自衛官たちは、大掃除を覚悟していってみたところ、予想に反し部屋がピカピカだったことに驚愕した。

「おい、ここに本当に米軍がいたのか？」

冗談交じりに誰かが言ったほどだった。

さらなる発見もあった。

「彼らには、自衛隊にはマネできない能力があります」

避難所で行われた演奏会。米軍楽隊の華やかさとノリの良さに、人々はちょっと戸惑った。しかし、そのうち遠巻きに見ていた人たちがだんだんと近付いてきたと思うと、いつの間にか手拍子が起こり、気付くと70歳くらいのおばあちゃんが一緒にツイストを踊り出した。ご主人を亡くし悲しみに暮れていたご婦人までも踊り出し、いつの間にか階段の上まで長い行列ができ上がった。

震災発生直後から、在日米軍司令部でも全軍人が、戦闘服姿となり24時間体制で対処にあたった「史上最大の作戦」。

「友のために」

そんな、忘れていた言葉を思い出させてくれた彼らのバックグラウンドに息づくのは、30年以上前の日本人の心……。

そんな仮説も面白い。

悲しみを最小限にするミッション

「生まれ育った場所に帰してあげたいんです」

その医師は、力を込めた。岩手県のある病院が震災で全壊し、入院中のお年寄りが被災。2人の死亡者が出た。一命をとりとめた1人の女性は、骨折し心不全を発症していたため、北海道の病院に運ばれたが、家族は避難所にいたため離れ離れになったのだ。

やがて、岩手の病院は復旧したが、常時、酸素ボンベが必要な女性を北海道から移送するのは危険だった。

そこで担当医が着目したのが、航空自衛隊が持つ「機動衛生ユニット」だった。これは、簡単に言えば大病院のICUがそのまま移動できるような設備で、国際貢献に出動した自衛隊が負傷した際に使えるよう装備していたものだ。C―130輸送機によりユニットごと搬入・運搬できる。

空自では、2007年に導入されたが、実際に運用されたことはなかった。この存在を知っていた医師による粘り強い働きかけと、それを意気に感じた空自による協力で、ご婦人の移送作戦が実施されることになったのだ。

「家族と一緒にいさせてあげたい」

国際活動に向けた最新機器のデビュー戦は、思いがけず、そんな人助けのミッションとなった。

とはいえ、その医師や自衛官はいわば親の死に目に会えない仕事である。壊滅的な被害を受けた空自松島基地。全国の空自隊員が支援に駆けつけ、石川県の小松基地から派遣されたある空曹も「ぜひ、力になりたい」と強く望んで来ていた。

しかし、派遣中に実家宮崎県の父親が急死。以前から、体調を崩してはいたものの、「まさか」という心境だった。

自衛官は、肉親が亡くなっても任務への使命感から活動を続ける者も多く、まして松島には被災した隊員もたくさんいる。空曹は戸惑った。

しかし、それを知った杉山・松島基地司令は「葬儀に出るように」と、羽田空港までの車を手配した。そして、作業服しかなかった彼に自分のスーツと靴を手渡した。「持っていた服は全部流されたが、これだけは、司令室にあって無事だったんだ。サイズが合えばいいが……」袖を通すとピッタリ合う。「ありがとうございます！」。彼は何度も頭を下げて飛び出し、実家へ向かった。

この震災で、多くの人々が最後の別れもできぬまま肉親や家族と死別した。医師や自衛官は、その悲しみを最小限にとどめたいと思っている人たちなのだ。

地方協力本部の悲劇

ちょっと前までは自衛隊地方連絡部、通称「地連《ちれん》」、後に組織改変により「地本《ちほん》」と呼ばれるようになった。正式には自衛隊地方協力本部。

各都道府県に存在する自衛隊の総合窓口のようなもので、地域の案内所や事務所を統制し、自衛官の募集や退職隊員の再就職、予備自衛官の人事管理などなど、多様な仕事をしている。

「自衛官になりませんか」という役割だから、自衛隊を知り尽くしている必要があるわけで、そのため従来は、全て自衛隊員（陸海空自衛官と事務官の混在）で担っていたが、昨今は、コスト削減の流れで非常勤のスタッフもいる。

宮城県にも県庁内に居を構える「宮城地本」がある。

本部長の吉見隆一等陸佐は、震災発生後から本部長室を作戦室に変え、机の下で寝る日々を10日間続けることになった。

地震が起きてから、普段は企業や家族との対応をする者たちが、見る見る自衛隊員の顔になっていくのが分かった。

間もなくして、被災地に入っての調査が必要となった。とはいえ、非常勤の職員を、いわば自衛隊特有の「偵察」に、しかも危険な場所に行かせるわけにはいかず、コスト削減という荒波における小さいようで大きな問題に思いがけず気付くことにもなった。

「道路は寸断され、橋も落ちていました！」

戻った隊員が興奮ぎみに報告する。地域の状況の把握、そして退職自衛官の再就職先企業がどうなったかも気になり、いち早く駆けつけたのだ。

水没した道を、途中で車を降り徒歩で向かい、なんとかして担当者と連絡をとった。多かれ少なかれ被害を受けた企業ばかりだったが、返ってきたのは意外な反応だった。

「こんな時だからこそ、即戦力となる退職自衛官の入社を待っています」

しびれる言葉だった。自衛隊は、地域の人々と支えあって存在している、そのことが身に染みた。

だからこそ彼らは、地元住民のことをまず先に考える。

「住民を避難させてきます！」

陸曹からの電話が所属の募集案内所に入ったのは、地震発生直後のことだった。たまたま自宅の近くにいたため、家族を避難させた後、住民の避難誘導をすると言う。問い合わせなどで電話がふさがっている中、心配していた隊員からの連絡に皆は安堵した。

しかし、街を大津波が襲ったのは、その直後だった。

「自衛官になりたい」

「なぜ、すぐ引き返せと言わなかったのか……」

陸曹の最後の電話を受けた案内所の所長は悔やみ、それから行方不明となった部下を探し続ける日々が始まった。

「まだ亡くなったと決まったわけじゃない……」

連絡が取れなかったんですと、ひょっこりと彼が現れるのではないか、そんな期待をしながら、毎日あらゆる病院や避難所を探し回った。

そのうち、住民を守るため彼のとった行動が明らかになってくる。学校で子供たちを最後まで避難させている姿を見たという先生もいた。極限状態の中でも、彼が自衛官として懸命に務めを果たしていたことが分かった。

奇《く》しくも、彼の出身部隊である方面特科隊（砲兵）が最後に目撃された付近に派遣され、かつての仲間たちによる捜索活動も行われた。

やがて車が発見される。しかし、所持品は遠方に流されていた。津波のすさまじさを物語っていた。

所長は遺体安置所に足を運ぶようになる。安置所には遺体の写真が掲示されている所と、その特徴を文章で貼り出している所があった。

「見つかってほしい！」。しかし、「本人であってほしくない」。

両方の思いが交錯しながら数々の遺体と対面するも、発見には至らなかった。

震災以来、避難所に入っていた彼の奥さんと2人の子供たちのことも気になった。残された家族を励まさねばならない立場だが、かける言葉が見つからない。ローンや保険料の支払いをストップするなど、支援できることは全てやった。

「なんとしても自分が探し出す」

その一念で、来る日も来る日も遺体の確認をし続ける心情を仲間たちは案じたが、黙ってその後ろ姿を送り出すしかなかった。

そして、震災から3カ月近くたとうとしたとき。

「発見、されました……」

警察からの通報があり、本人を確認したと、震える声で所長から宮城地本（宮城地方協力本部）に報告があった。6月3日だった。執念の再会だった。

宮城地本では、震災発生後から色々な変化が起きている。

「とにかく電話が増えてるんです」

自衛隊についてのさまざまな問い合わせだ。最も多いのは「自衛官になりたい」というものだという。電話を受ける彼らは、喜ばしいながらも複雑な思いになる。心中には、志半ばで倒れた仲間のこと。

そして、この春、希望に満ちあふれ、後輩になるはずだった若者たちのことがある――。

天国からの入隊式

4月14日、航空自衛隊防府《ほうふ》南基地で行われた入隊式に、遺影を抱えた宮城地本の広報官の姿があった。空自の制服姿で写っている女性は、この春入隊予定だった武山紗季さん（18歳）。今回の震災で帰らぬ人となった入隊予定者のひとりだ。

「自衛官に憧れて、一生懸命に頑張って難関だった試験に合格しました。あと少しで、夢が叶うところだったのに……」

単身赴任中だった父は、娘の晴れ姿を見ることを心待ちにしていた。「せめて遺影だけでも入隊式に出させてやりたい」という父の希望を受け、地本が各所と調整をして実現した「天国からの入隊式」だった。

その父は、まだ見つかっていない家族の捜索で式に出席できず、当日は地本の隊員が代わりに参列することになったのだ。

同期となるはずだった隊員たちは入隊式の後「紗季さんの分まで頑張り立派な自衛官になります！」と誓い、必ずお父さんに伝えてほしいと訴えた。

一方、捜索活動にあたる陸自隊員からは、こんな話があった。

3歳の男の子の遺体を発見したときのことだ。

母親が探していたのを知っていたので、連絡して確認してもらうことにした。変わり果てた姿だったが、母は服装でわが子と分かったようだった。どうしても最後に抱っこをしたいという。

「収納袋のままでした。お母さんはその子を抱きしめると『よかったね。自衛隊さんたちが助けてくれたよ。お前も今度生まれ変わって、大きくなったら自衛隊に入れてもらおうね』と泣いていました」

隊員たちは手を合わせ線香をたいて見送った。

これまで体験したことのない出来事が「日常」となった3カ月だった。今回の災害派遣では、泥水の中で作業する陸自隊員を海空隊員は心からねぎらい、また、陸自隊員は海空隊員の懸命な姿に敬意を表した。輸送機に乗ったら、基地のあらゆる隊員が「帽振れ」で送ってくれているのが機内から見えて、いたく感動した陸自隊員もいた。

互いの輝きを確認するきっかけにもなった。

自衛隊は3月11日以降も、東シナ海などの警戒・監視、ロシア機に対する緊急発進（スクランブル）も手薄にしない。それが、この組織のありようを物語っている。それぞれ持ち場は違うが「日本の明日のために」自らをかえりみず活動していることに変わりない。

そういう意味では「何も起きないために」存在する集団なのだ。平凡な日常のありがたさが分かった今、胸を張ってそう言える。

第二部

災害派遣の舞台裏

大震災の教訓

「災害派遣」の落とし穴

私（筆者）が最初に被災地に赴いたのは、震災から3週間経ってからでした。ある地域では家も何もかも流されている。ある所は、電車や船がビルの上に横たわっている。この復旧には果てしなく時間がかかる。「一体、どうしたらいいのか分からない」と言うしかありませんでした。

福島第一原発への対処もあり自衛隊の出口戦略が見えず、呆然としました。

そんなことを考えていると、自衛隊の車両に向かって沿道の女性が丁寧にお辞儀をしている。車両が通るのを見て、わざわざ道に出てきたようでした。

この光景は、被災地の住民にとって、自衛隊がいかに頼れる存在かを物語っていました。こうした情と情との交流によって、現場自衛官はますます強い使命感を感じるようになったのだと思います。

気がかりなのは、これからのことです。

この震災発生後も、噴煙を吐き続ける鹿児島県の新燃岳《しんもえだけ》への対処や、ロシア機の接近に対する空自機の緊急発進（スクランブル）、尖閣諸島海域に姿を現している中国漁船や、海自艦艇を威嚇する中国海軍ヘリに対する警戒・監視など、国防に関わる懸案事項が多発しています。

にもかかわらず、多くの国民には、今、「自衛隊＝災害派遣」のイメージが強くある。このままでは、今後、自衛隊の予算や装備が災害対処だけを考慮したものになる可能性が懸念されます。

災害に備えることは必要ですが、それ以外のもの、たとえば火砲などは「要らないのでは？」という風潮になりかねません。これは国防上、大きな問題です。

今回のような大規模災害派遣が長期にわたって続けられるのは、彼らが自衛官だからこそです。自衛官は国を守るために戦う人たちです。だからこそ、普段から高いレベルの訓練をしています。

高いレベルとは、「災害派遣」ではなく、「防衛出動」です。防衛出動の際は、糧食だけでなく銃も弾も持つ必要があり、戦車も火砲も必須の装備です。

国土が占領されるかもしれないし、仲間が死ぬかもしれない。そして、自分も死ぬかもしれないという極限状態。自衛隊は日頃、そのために訓練している集団だからこそ、精強なのです。

災害派遣が主になるなら、兵器は不要になるとは乱暴な話で、日頃、そうした装備を扱っているからこそ、国内の災害派遣で実力が発揮できることを忘れてはなりません。

国民の努力相応のサービス

あるラーメン好きの防衛省幹部が、こんなことを言いました。

「世の中には、1杯1000円のラーメンもあれば、290円のラーメンもある。与えられた中でどれだけ勝負できるかです」

つまり、見た目は同じようなラーメンでも、素材や具の量、調理法、器……などには差があり、結局、内容は価格相当だということです。

何もここで、ラーメンについて考察をしようとしているわけではありません。例えば、自衛隊を1000人から800人に減らしたならば、国民は800人分のサービスしか受けられません。もし、国民が自衛隊や国防に対して理解を示さず、そのために力を注がなかったら、結果として、その分、自衛隊の恩恵を受けられないのです。

ところが実際は、サービスを提供する側、つまり自衛隊は、無理をしてでも国民に満足してもらおうとします。そのため、国民はなかなか「本当の価格」に気がつかず、一朝有事にならなければ、２９０円のラーメンなのか１０００円のラーメンが出てくるのかが、分からないという問題があります。

もちろん、自衛隊が無理をしてでも最大限努力する姿は尊いもので、感謝するばかりですが、国民が無自覚なままでは、国家は弱るだけです。

日本の自衛隊に与えられている予算・人員・法制度はすでに破綻しています。

今回の災害派遣によって、「自衛隊への理解が深まった」とも言われていますが、真の理解とは、それらのひずみを正し、災害派遣だけではない戦闘組織としての充実を図るべく国民が努力することではないかと、私は思います。

このまま、自衛隊は「災害派遣部隊でいい」という論調が主流となれば、むしろ「自衛隊への『誤解』が深まった」ことになります。

ただでさえ、震災前に行われた「国民が自衛隊に期待すること」のアンケート結果では、「災害派遣」がナンバーワンでした。

では、「国民の努力」とは何でしょうか？

それは「思慮深くなる」ことです。今は２９０円のラーメンでもいいかもしれませんが、1時間後にはお腹をこわすかもしれないし、いつか体調に異変が起こるかもしれない。将来、自分の子供に影響するかもしれない……と、分析する思考力を養わなければなりません。

陸自は間違っていなかった

では、東日本大震災での教訓を元に、これからの日本において自衛隊はいかにあるべきか、「自衛隊にとって何が一番大事なのか」を考えていきます。

それは取りも直さず「国民にとって自衛隊はどうあってもらうべきなのか」と同義でしょう。国民の要望とそれを実現する努力が、有事の際の自衛隊の姿になるということを忘れてはなりません。

その国民の要望を実現するために、まず必要なのは、自衛隊の教育・訓練です。中でも陸上自衛隊にこそ、それが求められます。警戒・監視活動という、いわば「本番」が常日頃ある海空自衛隊よりも、そのウエイトは高くなるのではないでしょうか。

様々な事態を想定し、計画を立て、訓練を行う。それは平穏な日々においては、

「ムダなこと」とも受け止められがちです。災害派遣や国際活動では、その成果を発揮していますが、全国民の目に届き、理解を深めるまでには、なかなか至りません。日米合同訓練なども、野外でドンパチやるような演習ならともかく、天幕の中で行う指揮所演習がメディアで報道されたところで、その意味するところを多くの人はサッパリ分からないでしょう。

しかし、今回の震災においては、こうした平素の計画・教育・訓練がいかに「国民にとって」有難いものだったかが実証されたと言えます。

派遣から戻ったばかりの隊員の方々に話を聞いたとき、一人が興奮気味に語った言葉によって、私もそれを再認識しました。

「3年前、私は東北にいて『みちのくALERT2008』という大規模訓練を経験しました。あの経験があって、本当に良かったと思いました」

この『みちのくALERT2008』は、2008年の秋に東北方面総監部主催で行われた大規模災害対処訓練で、想定は次のようなものでした。

「早朝、宮城県沖を震源とするM8・0の地震が発生し、仙台市等で震度6強を観測、三陸沿岸部にかけ津波が来襲し、死傷者、被災者等が多数発生」

実施要綱を見ると、自衛隊としては「東北方面隊の全部隊の他、統合幕僚監部、他方面隊及び海空自衛隊の一部が参加する」とあり、その他、防災関係機関や自治体の参加状況を見ると、「35の防災関係機関、宮城・岩手両県庁及び22市町の自治体が自衛隊との共同訓練または連携した訓練に参加しております。さらに、地域住民の方々もこの訓練に連携する形で、孤立地域からの救出、傷病者の輸送、炊き出し等の訓練に参加し、参加者の総計は約1万8000名にのぼります」とされています。

参加したのは、自衛隊と警察、消防、各自治体、医療機関、NTTなどでした。

前述の隊員は、「当時、小学生も参加していて、実に真面目に取り組んでいました。お年寄りも子供もみんな真剣にやったことが今に活きていると思います」と振り返っていました。

ちなみに、この訓練を実施したのは、当時の東北方面総監宗像久男元陸将で、かつて、自衛隊の大規模災害対処計画も策定しています。

これが今、非常に役立っていると、複数の自衛隊幹部から聞きました。

また、震災の1カ月ほど前、東部方面総監部では5日間にわたる「大規模震災対処兵站訓練」を実施していました。物資輸送の訓練です。

輸送の任務にあたった隊員は「あの訓練をやっておいてよかった」と、しみじみと語ってくれました。

例えば、訓練のおかげで、物資の車両への積み込みひとつとっても何時間もかかってしまうことが分かり、改善策を講じることができたといいます。

訓練をしていないと、イザ派遣！　となった時に、様々な「想定外」に直面することになります。荷物を積もうとしたら道幅が狭くて車両が入れないとか、何かをしようとしても、それが法的に認められているのかどうか分からないとか、「思いがけない」出来事が次々に押し寄せてきます。

有事になって動揺しないためにも、平時の計画や訓練が大切です。自衛隊ではそれを実践しています。

わけても陸自は綿密な計画を立てるため、平時では一見、要領が悪いのではないかと思ってしまうほどです。近代化や効率化といった軍の趨勢《すうせい》に鑑《かんが》みれば、「人こそ大事」の教育方針は只今の時代に必ずしも見合わないと言えます。野暮だ、青臭いと揶《や》揄《ゆ》されることもありました。

実は、私もそんな陸自に、もっとラクしてもいいのでは？　と、感じたこともあります。しかし、今回、震災が発生した時から取るものも取りあえず出動し、自らが被災者でありながら、家族の安否も確認できないまま行方不明者の捜索をし、自分のわずかな携帯糧食を被災者に手渡し、風呂も入らず、着替えもできずに、発見した遺体に手を合わせ、おぶって運んでいる彼らの姿は崇高でした。心からカッコイイと思いました。

彼らは、いつの間にかヘルメットに「がんばっぺ宮城」などと、地域ごとにフレーズを作りステッカーを貼っていました。いかにも陸自らしいアイディアです。

これは、君塚栄治統合任務部隊指揮官の「救援物資だけでなく、無形の戦闘力であるハートを届けることも作戦の一つ」という意向を受けたものでした。

言葉の通り、隊員たちのひたむきな真心が、いかに被災者を励ましているか計り知れません。やはり、「陸自のやってきたことは間違っていなかった」と言わざるを得ないのではないでしょうか。

人減らし論の誤り

では、これまで自衛隊（特に陸自）に関する、あらゆるものを削減しようとしていた動きが、国民に及ぼす影響についても、震災を振り返りながら見てみます。

今回の震災では、早々に「自衛隊10万人体制」が掲げられました。後方支援部隊なども含めて、陸海空自衛隊の総力をあげた「史上最大の作戦」だと言われますが、自衛官は約24万人しかいません。

米軍など諸外国では、仮に10万人体制をとるとすれば、交代要員を加味して兵は少なくともその3倍、30万人が必要だという考え方です。今回、初めて即応予備自衛官も投入され、大いに活躍しましたが、規模は小さく長期の運用は、なかなか難しい。

これまで陸上自衛隊は、「減らされ続けた人員を少しでも軌道修正したい」と、再三、実員増の要求をしてきましたが、財務省は認めず、かの事業仕分けでも一蹴《いっしゅう》されています。

もちろん、これは民主党政権だけの問題ではありません。自衛隊の「人減らし」「物減らし」または、「陸の人員の海空への振り分け」という名の下の自衛隊弱体化を積極的に推し進めた政治の不作為《ふさくい》も問い質したいところです。

今回、不要論も出ていた総監部や駐屯地の重要性も見えてきました。そして、そこを支える人の存在が欠かせないということも、です。

東日本大震災のように自治体が機能できなくなったケースでは、方面隊の幕僚組織である総監部や駐屯地なしでは一層の混乱を招いていたでしょう。

駐屯地に関しては、先の事業仕分けにおいて、「１６０ほどある駐屯地は多過ぎる」「道路環境も良くなってきているのだから統合すべきだ」との意見が噴出し、自衛隊側も予算減にともなうコスト削減圧力から、これを減らす方向でした。

しかし、震災時、この駐屯地こそが拠点となり、物流や被災者への給水・給食を行うことができたのです。

北海道から沖縄までの部隊が、震災発生後「とにかく東北を目指せ」と前進しましたが、現地の状況も把握できない時点で、またインフラも破壊されている状況で、集結場所は各地にある駐屯地となりました。

そこで思いがけない事態となったのは、「駐屯地業務隊」です。業務隊は、食事や入浴、ゴミの回収、洗濯、給油……といった、生活に関わることから、託児施設や隊員の家族への支援など、ありとあらゆることを引き受けます。

特徴的なのは、その半数が事務官だということです。

実は、防衛省・自衛隊では自衛官の削減問題もある上、この事務官も国家公務員の定員削減の枠組みで減らされています。

削減が開始された昭和42年度の1万3000名余りから比べて、平成23年度で約8000名と激減。そのため、従来は2人体制で担っていた業務を1人で行わなければならず、その1人が病欠でもしたら、誰も代わりがいないといった危うい状態となっているのです。

そんな中、震災が起き、ある駐屯地業務隊は、わずか6名ほどで7000名以上の隊員や被災者を受け入れることになってしまいました。

そもそも事務官は自衛官ではないので、不眠不休で仕事をする訓練などはしていません。それが、突如として業務が膨れ上がり、しかも家に帰ることもできず、交代もいない状況に陥ってしまったのです。

第1部にも出てくるエピソードですが、24時間勤務を2週間以上続けた時、女性事務官はあまりの疲労で急に泣き出してしまいました。周りにいた女性事務官は、なだめるつもりが、一緒になって皆、泣いてしまったのだといいます。また、過労で舌が回らない状態になった事務官もいます。

それでも、彼女たちは「現場で頑張っている自衛官のために」と耐え、すぐに笑顔を見せていたようですが、身体に及ぼす影響も懸念されます。

このような事態を引き起こした大幅な事務官削減は現在進行形の政策で、今後、重い課題として検討されるべき問題ではないでしょうか。

現在、民間で代替できるものに関してはアウトソーシング化も進めていますが、これには問題も多くあります。情報保全も考えねばなりませんし、自衛隊の自己完結能力を削《そ》ぐことになるからです。

災害派遣で炊事車を動かし、被災者に温食を作ってあげられるのは、彼らの自己完結能力のなせる業です。今回、壊滅的被害を受けた多賀城駐屯地が素早く機能回復できたのも、同駐屯地を知り尽くしている事務官たちが、インフラ修復工事を行ったからです。

外部の企業に頼んでいたら、交通が遮断される中では現地に来ることも出来なかった可能性があります。さらに、新たに修理業者に依頼するとなれば、このご時世、「いつも応援してくれるあの会社に」というわけにはいかず、競争入札にかけることになる。

そうなれば、数週間かけて選定することになります。協力会社が決まってからも、彼らがどこに何があるか覚えるまでには多大な時間がかかることになってしまうでしょう。

国の守りに関わる事々が、一般的なビジネスなどと同一視されて論じられていることが、まず問題だと言えます。

そもそも事務官は、制服は着ていませんが身分は「自衛隊員」で、「服務の宣誓」も行います。有事でも、持ち場を離れず国民のために仕事をしてくれる人たちです。

事務官なしでは自衛隊は成り立ちません。そういう意味で、自衛官のみならず事務官に関しても、国家公務員の総人件費改革、定員削減対象から除外するべきでしょう。

自衛隊にできないこと

「有事」でも「平時」を想定した法整備になっていることも同様に問題です。この災害派遣において、自衛隊がその能力を発揮するに足る法制度が担保され、体制は十分だったのか検証していきます。

今回、自衛隊は多くの国民から「頼れる存在」として認識されました。それはよい側面ですが、一方で自衛隊は「なんでも屋」ではありません。自衛隊の「できること」「できないこと」を国民が認識しなければ、「自衛隊は何もやってくれなかった」などと誤解を生んで、的外れなことを言われかねません。

今のにわか熱狂的な支持に甘んじることなく、しっかりと自衛隊の置かれている状況、その役割について知ってもらう必要があると思います。

今回のような自治体が機能不全に陥った災害時、自衛隊は、自衛隊法と災害対策基本法によって、自主的な活動（自主派遣）が認められています。しかし、その出動の根拠が曖昧《あいまい》で、自主派遣は見送られてきました。

その象徴的な事例が阪神・淡路大震災でした。兵庫県からの災害派遣要請がなされず、自衛隊派遣が遅れたのです。

その反省から、1カ月後に当時の畠山蕃防衛事務次官が「事務次官通達」を出し、震度5弱以上の地震発生で、自治体の長による派遣要請がない場合でも、自主派遣が可能となりました。

これは、高く評価されていいことでしょう。しかし、これだけでは、自衛隊が十分に機能できるようになったとは言い難いのです。

被災者への支援物資にしても、原発事故への対応にしても、要請を受けて支援するという体制に変わりありません。

瓦礫の除去も、財産権があり所有者に無断でできないなど、緊急時における行動も法的制約を受けます。自衛隊が持ち主に訴えられたり、逮捕されるなどという事態になりかねないからです。

そうした事情を受け政府は、震災から2週間後の3月25日、瓦礫の撤去作業について、私有地立入りを認めたり、敷地から流出した建物を所有者の承諾なしで撤去できるガイドラインを出しました。

また、派遣当初は、自衛隊の持っていた灯油を被災者に全て提供していましたが、これも通常ならば行えないことでした。自衛隊は被災者が寒さに震える中、自分たちが暖をとるわけにはいかないという思いでしたが、通常、自衛隊の物品を提供することはできないのです。糧食を提供することも厳密には違反となります。

これが可能になったのは北澤防衛大臣の判断が下ったからです。それにより、時間のかかる行政手続きをせずに、その日のうちに必要な物資が被災者に渡ることになりました。

これらの事例を見ると、「政治主導」で動いた良い面もあると言えますが、本来、今回のような「非常事態」においては、災害対策基本法に規定されている「災害緊急事態」（第105条）を公布すべきだったとの指摘もあります。

また、もっと早い時点で自衛隊に判断を移譲できる「緊急事態法」があってもいいでしょうし、各省庁を統合する一元的指揮統制機能である日本版ＮＳＣ（国家安全保障会議・２０１４年12月設置）の設立も一案かもしれません。

いずれにしても、縦割り行政により助かるべき命が失われるのは耐え難く、政治が拙《つたな》い場合はもっと悪い結果を呼ぶことになってしまいます。

さらに、派遣されている自衛官が移動するための燃料や糧食の補給能力、つまり兵站分野についても課題がありました。糧食は、地上で動く陸自隊員が約7万人いれば、1日当たり3食で21万食が必要となります。

これを毎日滞りなく現地に送らねばなりません。しかし、今回、緊急調達をしたくても民間と競合してしまい、手に入り難い状態になったといいます。

つまり、自衛隊だからといって、優先的に入手する手段はなく、昨今の予算事情では備蓄も十分ではなかった。しかし、有事に兵糧を確保できる枠組みがないと、自衛隊は動けなくなってしまいます。

糧食だけでなく、行方不明者の捜索に必要とされた胴付き長靴やゴム手袋なども、なかなかスムーズに調達できなかったといいます。

しばらくして、他省庁との調整もなされたようですが、緊急性が求められるだけに、今後の課題となるでしょう。

哲学者ソクラテスは、次のように言っています。

「戦いにおける指揮官の能力を示すものとして、戦術が占める割合は僅かなものであり、第一にして最も重要な能力は部下の兵士たちに軍装備をそろえ、糧食を与え続けられる点にある」(「クセノポンの備忘録」)

震災後1カ月以上経って、「やっと自分たちも温食が食べられるようになった」という部隊の食事は、キュウリ2切れほどと、ウインナーが1つちょこんと乗っているご飯と味噌汁だけでした。あの肉体労働に足りるとは到底、思えません。

もっとも、それまでは冷えた缶詰のご飯を食べていたのだから、まだマシで、「野菜があるだけで助かる」というわけです（こんな少しでも）。野菜が不足しているため、隊員たちはビタミン不足で、多くが口内炎やヘルペスの薬を欲しがったといいます。

このように、自衛隊が活動するためには一つ一つお伺いを立てなければならないのに、そのわりには、何でも自衛隊に頼もう、やってくれるだろうという空気が、政府にも国民にも見受けられます。これでは自衛隊は、きつく縛られたまま、かけられる期待だけが膨《ふく》らんで苦悩しなければならなくなってしまいます。

過度な期待と依存

自衛隊への膨らみすぎた期待といえば、次のような事例がありました。

震災で機能不全に陥った自治体に代わり、自衛隊が瓦礫の除去から物流や生活支援など、市町村が担うべきことをそつなく行ったことは周知のとおりです。

そこで自衛隊が能力を発揮できたのは、平時から、状況を把握し、すべきことを分析して目標を定め、行動方針を打ち出すことを、当たり前のように実践しているからです。

Aという方法にするか、Bというやり方を選ぶか、最適を選びながら修正しつつ、目標達成に向かって進み、その都度、あるべき姿とは何かを割り出していく。そのためには、事前に偵察し、問題点を拾いあげていくプロセスが欠かせません。

恐らくこのような、言ってみれば「もどかしい」くらいのやり方をするのは自衛隊くらいではないでしょうか。

そして、これこそが、自衛隊の強さです。この自衛隊式の思考・行動形態が、今回の震災においてもどんなに貢献したか計り知れません。

しかし、問題はそこにありました。各自治体が立ち直ったタイミングで、自衛隊に頼っていた状態を徐々に本来あるべき姿に移行しようとすると、自治体によってはスムーズにいきませんでした。

すでに「自衛隊がいなくなった時」のための施策を考えていた自治体はさておき、自衛隊に依存し、自ら次の事態を想定していなかった自治体は、自衛隊がいなくなったら困るというわけです。

もちろん、補正予算が成立しても「先立つもの」への不安、つまりお金が心配なので民間企業の活用などに思い切って舵を切れないという自治体の懐《ふところ》事情もあります。いくら頼んでも無料だから、自衛隊に頼ってしまうという構図があるとも言えるのですが、のみならず、誰も現状分析したり、将来の構想を描いていないという致命的な欠陥もあったようです。

ある市を巡ってはこんなエピソードを聞きました。

自衛隊側から避難所の縮小や統合を提案したところ、「それは総務課の担当だ」と言われ、総務課に行ってみると困惑顔で「防災課に行って下さい」。防災課では「学校の体育館を使っているので、教育課ですね」などと「たらいまわし」にされたのだといいます。

これはトップダウンしかないと、市長や副市長に打診するも、「下に任せている」という返答だったというのです。

まさに見事な「お役所仕事」を有事にやっているわけで、こうなると気の毒なのは被災者です。

この市では、何をするにもこんな調子で、ある幹部自衛官は「手続きが丁寧すぎるんですね」と遠慮がちに言っていましたが、実際のところ、物資が滞留し、避難所への配食はいつまでもおにぎりばかりだと避難所の住民は嘆いていたようです。

震災発生直後は、自衛隊が自治体に代わって支援物資の仕分けなどを一手に担い、縦割り行政に横串を刺すことができます。しかし、行政側がいつまでも、この横串にぶらさがったままでは困ってしまいます。

そして、誰もがこの構図を把握しているわけではないので、ともすると「自衛隊がやってくれない」と、市民が自衛隊への不満を持つことにもなります。自衛隊が思わぬ濡れ衣を着せられることになってしまうわけです。

そういう所からは早く撤退してしまった方がいいのかもしれませんが、事情を知らない人たちは「自衛隊がさっさといなくなって、被災者が困ってしまった」と言うかも知れません。

私が5月の連休に再び被災地を訪れた時点でも、自衛隊は相変わらず無数に積み上げられたダンボール箱の支援物資の仕分け作業にいそしんでいました。衣類の中にミカンなどを混載する人も多く、生ものを早く取り出す必要があり、骨が折れる作業です。

また、被災者にはすでに良質な食糧が届いていても、自衛隊による給食支援もなかなか止めるわけにいかず、陸上自衛隊の隊員は、被災者の前で物を食べ難いからと、まだ車の陰に隠れて携帯糧食を食べていました。

まだまだ自治体機能が停滞していたのです。

こんな状況下では、首長の覚醒とリーダーシップの発揮が何より必要になります。

そのための最善策は、各市町村レベルにも自衛隊のＯＢを据えることではないでしょうか。

現在、県単位ではその制度も普及してきていますが、市町村となるとまだ抵抗感もあるようで浸透していません。

ただ導入すればいいというものではなく、先に述べた自衛隊的行動のノウハウが染み付いた、優秀な元自衛官を送り出すことです。

併せてポストも、課長クラスではなく首長に対し直接、意見具申できるポジションを用意しなければなりません。東京都参与として都知事のブレーンとなっている志方俊之元陸将のようなポストが必要です。

普段から現状を分析し、最悪の事態までの準備を計画できる能力を持ち、誰が何をするといった全体をマネージメントする存在がなければ、自治体が緊急時に突如、対応できるわけがありません。早急に、検討してほしいと思います。

高速道路無料化と安全保障

先に、「思慮深い国民の努力」の話をしましたが、実は私も、次のような反省すべきことがありました。

連休中に仙台を取材した際、現地で友人と遭遇したので、新幹線の切符を払い戻し、彼女の車で帰京することにしました。ETC搭載車は高速料金が土日は1000円で、ガソリン代などを入れても非常に安くついたのです。私たちのような職業には「これはありがたい」と思わず喜んでしまいました。

しかし、ここに安全保障上の問題が発生していたのです。まず、自衛隊車両が渋滞に巻き込まれることも問題ですが、さらに重大なのは、高速料金の値下げが他公共交通機関に与えるダメージです。

わけても、フェリー会社が倒産に追い込まれることは問題なのです。第1部でも描いたように、今回の震災でも、このフェリー会社の協力なしでは、迅速な派遣は成し得なかったと言えます。

震災発生後、全国の陸上自衛隊部隊が東北に向かいましたが、最も早く入れるはずだったのは、北海道の部隊でした。

しかし、鉄路は不通、着陸する空港がなくて空路も使えなかったのです。そのため、海路で津軽海峡を渡るしかありませんでした。

ところが、海上自衛隊の「おおすみ」「しもきた」「くにさき」３隻の輸送艦は、１隻は修理中、１隻は多国間訓練のためにインドネシアに向かっており、もう１隻は被災者の救援に向かうことになりました。

そのため、陸自は民間のフェリーで移動することになったのです。3月11日から翌日にかけ、徹夜でその調整が行なわれました。

北海道と本州を航路とするフェリー5社にチャーターを依頼。これらの会社の中には、航海中に被災し、まだ人も車も載せたまま立ち往生している船もあったのですが、緊急事態を受け、一般乗客を避難させた上で、民間利用をストップしてでも自衛隊のために船を使って欲しいと申し出てくれたのだといいます。

実はこれは、にわかに出来上がった協力関係ではありません。陸自と民間フェリー会社は平素から共に訓練を行うなどして、意思疎通を図っていました。だからこそ、夜中だろうが明け方だろうが、陸自からの依頼に「待ってました」とばかり対応できたわけです。

自衛隊による民間船のチャーターと簡単に言っても、色々と面倒な手続きも付いてきます。まず、今回は航路を大幅に変更したため、国土交通省への申請が必要です。さらに荷役の人の手配、岸壁の確保、人員と燃料の混載許可などなど……、煩雑な調整は各社が懸命にこなしました。

今回は、たまたま日頃から付き合いのあったフェリー会社が、全面的に協力体制をとってくれたからよかったのですが、全く別の地域においても同じように対応できたかは分かりません。

実際、フェリー会社は高速道路料金値下げのあおりを受け、経営を厳しく圧迫されていて縮小を余儀なくされています。それによって、「国のため」という経営者の思いとは裏腹に、イザという時に自衛隊に協力できない事態になりかねないのが現状なのです。

さらに言えば、民間船のチャーターは強制力がないため、あくまでも会社側の意思に任せられています。仮に弾の飛び交う状況になった場合に、陸自の移動手段となり得るかどうかは不透明です。

いいえ、むしろ、その場合は期待できないと言った方がいいでしょう。国土交通大臣が認めれば航路の変更が可能ですが、あくまでもそこが「危険ではない」ことが前提なのです。

２０１０年末に策定された「防衛計画の大綱（防衛大綱）」では「動的防衛力」が謳われましたが、南西方面有事となった際に、北方からの陸自戦力展開を、海空自の輸送力だけでカバーできるのかが懸案事項でした。

予算の増額は望めないということで、海自艦艇が画期的に増える見込みがないならば、民間の力を借りなければなりません。しかし、それならば、災害時のみならず侵攻事態に備え、護衛はどうするのか、その他様々な制度を整備する必要があります。国民保護の観点も考慮しなければなりません。

民間フェリー会社が健全な経営ができないことによる、わが国の安全保障上のダメージも認識しなければなりません。昨年度の長距離フェリーによる輸送実績は、２００４年度に比べ７割以下に落ち込んでいるといいます。

与野党ともに、高速道路料金の値下げや無料化政策による余波を認識した上、危機に瀕《ひん》するフェリー会社への公的資金投入なども視野に入れた国としての補塡《ほてん》を検討し、フェリー会社の体力回復を図るべきではないでしょうか。

前述した、震災の３年前に行われた東北での大規模災害対処訓練「みちのくＡＬＥ

RT２００８」では、億単位の経費がかかり、高速料金が大きな割合いを占めたということです。

高速料金は災害派遣では免除されるようになりましたが、訓練ではいまだ有料です。それゆえ、頻繁に訓練を実施することができません。

一般利用者の高速料金を下げて経済効果があるのかは、私には分かりませんが、自衛隊の訓練に際しての無料化の方が、はるかに国民のためになると思います。

「自らを顧みず」の対価

さらに、今、心配なことがあります。それは、民主党が公約に掲げている国家公務員の総人件費２割削減です。

被災地では、雪の降る中、腰まで泥水に浸かりながら、また、瓦礫の漂う危険な海に潜っての行方不明者の捜索が続けられました。

作業にあたった隊員は、徐々に戦力回復の期間も確保していましたが、実際のところ指揮官には交代がありません。訪れたある部隊の副官にこっそり尋ねたところ、指揮官は震災発生以来、６月の撤収まで１日も休んでいないと教えてくれました。

そういう状況下で、まずは給与1割減の方針が打ち出されたのですが、それではモチベーションが下がらないはずはありません。

さすがに菅首相は、震災対処にあたる自衛隊員などには「考慮するよう」求めました。また、5月1日の参議院予算委員会では、社民党の吉田忠智議員でさえ「被災地で頑張っている自衛隊員の給与も引き下げることになるのか」「引き下げるべきではない」と発言しました。自衛隊員の給与削減については、北澤防衛相も猛反対していたと聞いています。

しかし、もし、政府や総務省が、給与減を各種手当ての増額で補うなどと考えているなら、それは避けるべきです。それは、駐屯地や基地などに居残って様々な調整などにあたっている隊員にはメリットがないからです。

彼らは大変重要な役割を担い、家にも帰れず不眠不休で作業しているにも関わらず、派遣手当などは付きません。派遣隊員の給与は据え置きになっても、居残り隊員が一割減になれば、目も当てられません。

そもそもお金の問題ではない？

それは承知の上ですが、しかし、日々、厳しい訓練を怠らず国家防衛に励む自衛隊に対し、「災害派遣専門部隊になれ」などと言って憚《はばか》らない国では、自衛隊に名誉や誇りが付与されているとは到底、言えません。そんな中では、少なくとも金銭面での配慮はあってもいいのではないでしょうか。もちろん、本来は国民が真に自衛隊の存在意義を理解し、彼らに敬意を払うべきなのは言うまでもありません。

指揮官の交代ができない状況についても、検討課題にする必要があるかもしれません。

今回の震災においても自衛隊をすでにリタイアしたOBが、現役自衛官を大いに激励し、力になっていました。

そもそも、災害派遣ではなく、侵攻事態に及んだ場合は「損耗《そんもう》」、つまり消耗するという想定もしなければなりません。その点の危機管理が、現状ではなされていないと言わざるを得ません。

そのような中で、方面総監などを務めた方々が、その知見を発揮できないのは、非常にもったいないことだと私は思います。有事には、こうした豊富な人材を活かす制度があってもいいのではないでしょうか。

国民の税金で育成された貴重な人的資源です。引退した日を境に一般人にしてしまう方が、よほど無駄遣いではないかと思います。

一般の国民としては高速道路が安いのは嬉しいでしょうし、公務員の給料が下がっても我関せずでしょうが、それが安全保障上、是か非か、自衛隊のやる気を削ぐ施策ではないのか、という判断力を持つことが、これから日本人に求められています。

私たちは払った対価に見合うラーメンしか食べられないのです。

第二章――防衛力が危ない

あと5年でくる日本の危機

「このまま5年も経てば、大変なことが起こる……」

日本の国防を考える時、最近、軍事の専門家からはこんな言葉がよく聞かれます。いかに今、わが国が追い詰められているかを象徴していますが、問題は多くの日本人が、まだそれに気付いていないことです。

あと3～4年、何事もなく過ぎ「なあんだ、別に大丈夫だったじゃない」と安心してしまうことは、なお危ないと言えます。

「あと5年」というのはそれなりの根拠があります。今後10年もたたないうちに、わが国の周辺諸国の状況は劇的な変化を遂げ、かろうじて保たれていた力の均衡が一気に崩壊するとみられるからです。

防衛力整備には長期間を要することを考えれば、次期中期防が策定される5年後までに、日本が「防衛予算増」「人員増」の決断をしなければ「11年後の日本はない」

と知るべきです。10年後に慌てても、それではもう遅いというわけです。

周辺諸国の動きから具体的な事実だけをあげてみます。

中国はステルス性能や超音速巡航性能、高度な火器管制装置を備えた第5世代戦闘機（わが国で主力の戦闘機F—15は第4世代機）について2017年頃の配備を目指し、2020年に運用を開始するとみられ、同じ頃に数隻の空母を建造するとされています。

長距離弾道ミサイル兵力を近代化し、核の搭載可能な大陸間弾道ミサイルを配備。原子力潜水艦に配備するための潜水艦発射弾道ミサイルの開発を進め、すでに作戦能力を持ち始めている可能性もあります。

さらに、空母など洋上の艦艇を攻撃するための対艦攻撃弾道ミサイルも開発中という話もあります。

宇宙への進出も凄まじく、2007年には自国の人工衛星を破壊する実験を行なうなど、宇宙の軍事利用（対衛星兵器開発）やサイバー戦に向けても着々と整備しているのです。

ロシアは第5世代戦闘機の初飛行をすでに終えていて、2015年頃に実戦配備の予定です。近年、増加傾向にある日本の航空自衛隊機による緊急発進（スクランブル）は、２００９年度が２９９回で、うちロシア機に対するものが依然66％を占めています。

また、フランスからミストラル級強襲揚陸艦４隻を購入しますが、ポポフキン国防次官はその理由を「北方四島に対する日本の領土要求」と述べたと報道されていて、メドベージェフ大統領の北方領土訪問も、ロシア側の姿勢を物語っていると言えます。

そして北朝鮮も言うに及ばず。１月に訪日したゲーツ米国防長官は、５年以内に北朝鮮が大陸間弾道ミサイルによる米本土攻撃能力を備えると強調しました。だからこそ、こんな時に、米軍基地問題など日米間にきしみを生じさせている場合ではないという意味合いがあるのでしょう。

多方面で今、日本は「有事」「危機」を目前にしています。

そして、このまま防衛力の現状を放置すれば日本が再び「敗戦国」となることを意味していると言ってもいい。

つまり、なんとしても、これから5年間で日本の防衛力を立て直さなければならないのです。

「子ども手当」が防衛予算に

そんな中、2010年末に「防衛計画の大綱」(防衛大綱)及び「中期防衛力整備計画」(中期防)が閣議決定され、様々な議論が行われています。

今回の防衛大綱でよく取り上げられるのは機動力や即応性を重視した「動的防衛力」というキーワードです。それまでの「基盤的防衛力」と比べてどうなのか、各所で話題になっています。

その解釈はともかく、防衛大綱では、この「基盤的防衛力」構想から、「動的防衛力」の構築をし、「抑止力の信頼性を高める」としています。しかし、内容を見ると、陸上自衛隊の定員は1000人削減されていて、戦車や火砲の数も大幅に削減されています。

「抑止力」とは、「攻撃すれば多大な損失を出すことになる」と、敵に攻撃を思い止まらせるに足りる戦力なのですから、これでは抑止力の信頼性が高まるとは言えません。

表向き並べられた文言と、今後の〝買い物計画〟が記された「別表」を見比べると、志は高いのですが、実情はまことにお寒いことがよく分かります。

根本的な大問題は、とにかく全く予算の裏付けがないことです。いくら美辞麗句を並べようとも、御銭《おあし》がなければお話になりません。

全体の予算は、今後5年間で23兆3900億円の枠内とされていますが、前中期（17中期）と比べて、約8500億円もの削減です。

しかも、驚くべきことに、この中には自衛隊員に支給される「子ども手当」5年間分の1500億円が含まれているのです！（「子ども手当」が廃止されたら予算は減ることになるでしょう）

つまり、自衛隊員27万人に支給される「子ども手当」の分が膨らんでいるだけで、実質的な今後5年間の中期防衛予算は、少なくとも1兆円もの減額なのです。しかも予算は単年度なので、中期防の数字はあくまでも目標です。

ところが、「8年続いてきた防衛予算減がストップした」と平成22年度予算を評価する人もいます。これは、平成14年度に比べて右肩下がりだった防衛予算が、平成22年度に微増したことを指しているようです。しかし、そこには「子ども手当」235億円と、SACO（沖縄に関する特別行動委員会）関係経費や米軍再編経費が計上されているのです。

これをして「防衛費が増えた」と言えるでしょうか？　私は常に単年度の予算は「9年連続で減少している」と言っています。

これでは、わが国の防衛に使える純粋な予算とはとても言い難い。いわば「みせかけの増額」と言ってもいいでしょう。

また、中期防には米軍再編経費は含まれていませんが、単年度の予算には計上されるというしくみがあります。結局のところ、年度毎の純粋な防衛費は、さらに減額してしまうのが偽りのない事実なのです。

国民と政治の責任

このような内訳をしている日本と、兵器の購入や開発費などが国防費に含まれないという中国などとは、はなから大きな開きがあることが分かります。

周辺国のここ10年の国防費は、ロシア、中国、米国、韓国、オーストラリアなど各国が軒並み2〜8倍、EU（欧州連合）も1・3倍と増加していますが、日本だけが下げ続けています。

前述したように、国防費の内訳に各国の差異があることや、日本独特の「子ども手当」のマジックなどを勘案すればさらに格差は大きいのです。どう見ても異常事態です。極端なパワー・アンバランスは平和を乱し、紛争を誘発する要因となりかねません。

もちろん、防衛省としても、この状態を歓迎しているわけではないでしょう。しかし、どんな省庁でも予算に不満があるとは正直に言えません。限られた範囲内でやりくりせざるを得ない。そのために、予算の奪い合いで、陸海空自衛隊が壮絶な内輪モメを余儀なくされてしまいます。

財務省にしても、厳しい国の財政事情を踏まえて、いかに予算を削るかに躍起になるのは致し方ないでしょう。

そういう意味では、それぞれに懸命に務めを果たしているとも言えます。むしろ、なすべきことをしていないのは、「政治」であり、私たち「国民」であると言わねばなりません。

「政治が日本の置かれている現実をしっかり国民に知らせていない」→「国民が防衛問題に無関心になる」→「政治はますます手を施《ほどこ》さない」

この「政治と国民」の悪循環を看過してきたことが、政治家の軍事に対する無知を増殖させ、日本の防衛力を削ぎ落としてきたと言えるのではないでしょうか。

その結果、防衛予算を客観的かつドライに分析している財務省の見解が、存在感を増すことになったのだと私は思います。

もちろん、関係省庁は、あくまでも限られた予算内でやりくりするしかありません。しかし、これを国民が納得してしまうことは、自分たちの安全や安心が安値で賄《まかな》われてもいいと言っているのと同じです。

あらゆる事態を想定して、どんな場合でも国土や国民を守るに足る力を保持できるようにして欲しいと政府に訴えるべきなのに、あろうことか、進んで安い保険に甘んじる。そんな必要があるでしょうか。

よく、「国家の財政が厳しいのだから仕方がない」と言われますが、安全保障があってこその国家であり、国を守ることができなければ、そもそも国家が成り立ちません。

あるいは、「身の丈に合った保険しかかけられない」という言葉も耳にします。たしかに、「無い袖は振れない」のであり、北朝鮮のように国民が飢餓に苦しんでも軍備を増強しろというわけにはいかないでしょう。

しかしながら、今の日本の場合は、社会保障費を捻出《ねんしゅつ》するために他の予算を削っているわけですから、必ずしも「無い袖」ではないのです。

国家は私たちが生きている間だけ存在すればいいという訳ではなく、100年先でも存続していなければなりません。経済の状況が悪い、または自分たちの将来に不安があるからと言って下した、国家の存続を脅かすような判断は、過去の人々が築いてくれた恩恵を踏みにじる行為ではないでしょうか。

今の日本は、多くの先人たちの遺産の上に成り立っています。その身に代えて守られた国を諦めるかのような行為は、決して許されることではないと、私は考えます。「後に続く者」を信ずると、志半ばで散華《さんげ》していった人々の思いを受け止め、引き継ぐことが、平和を謳歌する日本人の務めではないでしょうか。

国民の立場から見れば、防衛費は高額であり、「相当な保険に入っている」という認識かもしれません。しかし、日本の防衛費はGDPの1%を切っており、これは世界の中で150位と言われていますので、お世辞にも高額とは言えません。日本がGDP1%でもなんとかなってきたのは、もちろん日米同盟があるからです。その日米関係にきしみが生じている感は否めません。だからといって日本がGDP比を格段に高めて、独自の防衛力を強化しようとしているかと言えば全くそんな気配すらない。これでは周辺国から、一体、日本はどうしたいのか？　と思われるでしょう。

財政が厳しいのは日本だけではありません。どんな国でも国民の理解を得て、自国を守るための予算を確保すべく努力をしているのです。

メディアの自衛隊弱体化論

予算だけではなく、人員に関しても同じように危うい状況があります。例えば自衛隊の人員を増やすことは現実的でないからと、相対的に人員の割合が大きい陸上自衛隊から海空に振り分けるべきだという議論です。

これは、常に少ない人員で苦労しながら任務にあたっている海空自衛隊関係者から出る話なら致し方ないでしょう。が、「守ってもらう」側の私たちが、このようなことを言うのは失礼なことだと思います。

東日本大震災では早々に「10万人体制」がとられ、陸海空自衛隊の総力をあげて、行方不明者の捜索や生活支援にあたりましたが、腰まで泥に浸かり食も乏しい環境の中で活動にあたった多くは陸自部隊でした。

今回、陸自隊員が約7万人投じられていますが、これは決して容易な規模ではありません。ギリギリ一杯だと言っていい。

3名の陸自隊員が派遣中に病死しています。50代2名、20代1名で、20代の隊員はまだ新婚だったそうです。活動との因果関係は分かっていませんが、過酷な災害派遣と無縁だったとは言い切れないでしょう。

大震災前を振り返ってみると、イザという時のために余力を持っていなくてはならない自衛隊に対し、スリム化・効率化を求める論調が様々なメディアで目立ちました。私のような予算も人員も「増やせ」と言うのは少数派で、削減圧力の方が上回っていたのは記憶に新しいと思います。

一部のメディアでは、財務省側の考えが、そのまま発信されていた感もあります。例えば、読売新聞は、防衛大綱策定を目前とした2010年11月21日の社説で、陸上自衛隊が南西方面強化に対処すべく増員を要求したことに対し、次のように論じました。

「増員分は、純増ではなく、冷戦時代の名残である北海道の2個師団・2個旅団体制などの縮小で捻出すべきである。陸自の要求は筋が通らない」

「むしろ、自衛隊全体のバランスを考えれば、陸自の定員や戦車・火砲を一層削減し、その分を海自と空自の装備や定員の増強に充てる必要がある」

このように断じ、陸自とその装備に関してかなり厳しい見解を示していました。

確かに、災害派遣に必要なのは「人」だから、「装備」はガマンしてもいいと思いがちですが、それについては後ほど詳しく述べたいと思います。

ともかく、財務省は、陸自の定員15万5000人を、14万1000人の実員に近づけるように求めていました。陸自の増員要求は当初1万人以上であり、その後、数千人に下げたものの、それでも財務省の要求とは開きが大きい。そのことについても、あたかも陸自のワガママのように論評されていました。

また、読売新聞の当該社説では、「国家財政は厳しく、防衛費の大幅な伸びは非現実的だ」として「一層の『選択と集中』を進めることが不可欠である」とも論じられており、これらはみごとに財務省の主張と同じなのです。

このバランス変更論は、一見、海空戦力重視で聞こえはいいのですが、その実「自衛隊弱体化」論だと私は思っています。ここ数年の自衛隊の実情をつぶさに見れば、陸海空自衛隊のバランスを変えるだけでは、とても日本に必要な国防の充実を図ることはできないからです。

そもそも「選択と集中」で防衛力が高まることはあり得ません。それは、国防上のどこかに「選択されなかった」部分を作ります。国民は穴の開いた防衛体制の中に置かれることになるわけですから、それを自覚しなければならないでしょう。

財務省が厳しく査定をし、防衛省・自衛隊がヤセ我慢をして、限られたパイの中で節約する。このことが、国民に対して「なんとかなる」という誤ったメッセージを発信することにつながります。大きく道を誤る可能性がある気がしてなりません。

イギリスと日本の安全保障環境

東日本大震災発生後は、さすがに聞こえてきませんが、その前まで（つまり、大綱策定の２０１０年12月から3月まで）は、陸自１０００人の削減では「極めて不十分」と断じる声も少なくありませんでした。

その根拠として、イギリスは約10万人の陸軍を約5年で９０００人減らそうとしているという例が、よくあげられていました。だから日本も真似をせよ、というものです。

しかも日本の陸自の場合は、国連平和維持活動（ＰＫＯ）などの海外での活動が主要国で最少なのに比べ、イギリス陸軍は、アフガニスタンだけで９０００人を派遣するなど世界中で活躍している、少人数でありながらはるかに頑張っているではないか、もっとイギリスを真似すべきだということでした。

しかし、このような意見は、大きな前提を忘れています。イギリスと日本の安全保障環境は全く違うということです。もし、イギリスを真似するのであれば、国土と国民を半分に減らし（面積は約3分の2、人口は日本の約半分）、核武装も必要となるでしょう。

また、歳出削減による財政再建を目標にしていることは日本と似ていますが、各省が2014年～2015年までに19％と大幅な削減をする中でも、国防費は実質8％と相対的に小幅で、何ごとも各省庁横並びの日本とは、そもそも違います。

陸軍をザックリ減らしている印象がありますが、実は削減率は、海空軍よりも陸軍が最も少なく、アフガン作戦費用は国防費とは別枠の財務予備費から支出しています。

そして、何よりイギリスは、約20万人という予備兵力を備えていることが大きな違いです。単純比較は所詮ムリがあります。

それにしても、そこまでして陸自の「人減らし」キャンペーンが展開されているわけですから、むしろ、その事の重大さを真摯《しんし》に受け止める必要があるでしょう。「自衛隊はここまで追い詰められている」と。

では、実際、現状はどうなのか。人は多過ぎるのか、実態を見てみたいと思います。

高卒者などを対象とした任期制自衛官の採用枠が激減し、陸自の新隊員採用数は昭和48年に2万人だったものが、昨年時点で8000人と2・5分の1にまで減りました。雇用情勢が悪いと、任期満了になっても継続する人が増えているために、新隊員の募集が減るという悪循環に陥っているのです。

このままでは、どんどん高齢化が進むため、事態を食い止めるべく「実員増」の要求をしていたのですが、「事業仕分け」で見送られてしまいました。

では、なぜ陸自には人員が必要なのでしょうか。

陸自は人員に対して任務が多過ぎるからです。あらゆる国防上のニーズに応えるために必要な人員を算出すると、現状ではとても足りません。

わが国周辺には「ならず者国家」や「破綻国家」が存在し、テロや紛争などの脅威が発生する可能性がある上、大規模な自然災害もいつ起きてもおかしくありません。また、国際貢献活動も本来任務化されたことから、その人員(後方支援も含む)も視野に入れなければならないのです。

守る対象は人だけに限らず、原子力発電所といった重要施設なども含まれます。そしてその間、全国158カ所の陸自施設を空っぽにするわけにもいかず、それらを24時間体制で守る人員も必要なのです。

「それならば、部隊そのものを減らせばいいのでは?」と思うかもしれませんが、どこで何が起きても素早く駆け付けるためには、全国にあまねく配置することが極めて重要です。災害時に数百キロも離れた地点から赴いたのでは到底、にわかに被災地域との連絡体制を構築できないからです。

このように「あらゆる事態に対処」すべく、陸自としてできる限りの効率化を検討した上で算出した最低限のラインが現状です。そしてそもそも、人員を要求をしているのは陸自ではなく、国民なのです。むしろ陸自による人員確保の要求は、あらゆる事態に対処しろという「国民の要求への答え」と表現した方が相応《ふさわ》しいでしょう。

もし、陸自の人員を減らすなら、あれもこれも望むのをやめ、今後は災害派遣には出ないようにすればいいわけです。もちろん、そんなことをしたらマスコミに袋叩きにされ、国民の理解も得られません。

実際、自治体からの災害派遣要請には、大雪で車が立ち往生したからというものまであります。「公共性」「緊急性」「非代替性」という本来の自衛隊派遣の要件に関わらず、派遣要請の敷居はどんどん低くなっているのが実情です。

「国を守れ、雪かきをしろ、鳥獣の処分も頼む、海外での活動も任せたい」と言っているのは我々国民の側です。陸自は愚直にその必要員数を割り出しているだけなのです。

有事に1人の軍人が守るべき国民数を比較すると、米国は508人、イギリスが

610人、ロシアが393人、韓国が88人などに比べ、日本は2010年度末現在で901人とダントツで多くなっている事実も認識する必要があるでしょう。

3割が「艦を降りたい」

一方で、海空自衛隊においても、人員不足は非常に深刻です。海自艦艇は海外任務が増加したことにより、家族と過ごすことができる日数が僅かになってしまいました。「手当てが貰えるからいいではないか」などと心ないことを言う人も世の中にはいるようです。しかし、誰かが守ってくれなくては日本の息の根が止まってしまうシーレーン防衛のため、自己犠牲を払って務めてくれているのです。手当ては当然の対価でしょう。

他方、海外派遣が増えれば留守部隊の任務が増えることも見過ごしてはなりません。海外派遣では艦艇の乗組員の充足率を100％にするために、国内にいる艦艇の充足率が約70％となり、1人当たりの労働量は1・5倍に膨れ上がっています。海外任務ゆえ、手当てのある隊員とは心情ギャップも考えられ、由々しき問題と言えます。

また、経費削減のため、艦艇が修理中でも、なるべく自らで整備する方針から、隊員の負担は大きくなっています。やっとのことで数カ月にわたる長期の航海から戻っても、体を休めるどころではありません。当直ローテーションもギリギリの範囲で、教育・訓練の余力はないといいます。

こうした艦艇乗組員のうち3割近くが「艦を降りたい」と希望し始めているというのが現実です。閉塞《へいそく》空間での任務過多と内容の高度化で、心身に抱える問題も深刻化し、自殺者の増加とも無縁とは言えない状況です。

こうした苦しい実情からも、「陸自の人員を海空に振り分ける」という発想は生まれています。しかし、陸自の状況は前述のとおりで、任務の要求が増えている限り人員を他へ流動させるのは困難です。この上さらに、公務員の総人件費削減が自衛隊にも例外なくなされ、1万人の自衛官が削減されるというから目を覆うばかりなのです。

効率化はすでに限界で、日本人が国土と自分たち国民を守りたいのなら、全体の増員以外に策はないと言えます。

平和を望むなら熟考せよ

「ムダだ」「減らせ」と言われがちなことに、北海道の戦力と装備の問題もあります。

すでに冷戦は終わったのだから北海道に多大な兵力は必要ない、「町おこし」的な自衛隊利用はまかりならぬということで、北海道の陸自戦力を沖縄などの南西方面に振り分けるべきだという議論があります。

しかし、すでに北海道の兵力は大幅に削減されています（２００２年に5万人弱が２００８年度末で3・7万人）。

高齢・過疎化する同地域では、若年人口の流出が止まらず、自衛隊がいなくなると地域の経済や税収面にダメージがあるとの声も聞かれます。これを自治体のエゴであるかのように言う声もあるようですが、必ずしもそうではありません。

まず、何より北海道の広く充実した演習環境は他にありません。長年築かれてきた地元との関係を考えれば、「兵を養う」には最適な場所と言えるのです。全国の部隊がこの地で訓練をしています。北海道という自衛隊の育成場あってこそ、現在の自衛隊の活躍があると言っても過言ではないでしょう。

「部隊はなくなりますが、演習場はこれまで通り使わせて下さい」では、地元の感情は穏やかではありません。

沖縄で北海道と同レベルの設備・住民感情が構築できるとは到底思えず、それであれば、充実した訓練場と、理解ある人々に支えられている北海道で兵を養い、南西への即時展開能力を高める方が合理的ではないでしょうか。

装備面では、戦車や火砲は時代遅れで削減が当然であるかのように言われていますが、「専守防衛」を謳うわが国において、上陸する敵と火力という援護なしで戦うことは、歩兵（住民も）を見殺しにする思想にほかなりません。

自衛隊は「防衛出動」という最も厳しい事態に対処すべく計画や訓練を重ねています。そして、それは必然的に火器や弾薬を伴うものです。

重装備を伴わない災害派遣活動は、それよりも高いレベルの訓練をこなしている組織だからこそ、クリアできます。今回のような大規模災害派遣で、なぜ自衛隊だけが長期間にわたり活動を継続することができたかといえば、それは常日頃、災害派遣よりもっと厳しい状況下を想定しての訓練を重ねているからなのです。

先にも述べましたが、中国、ロシア、北朝鮮などの軍事力は、あと10年ほどで日本を凌駕《りょうが》すべく増大しています。日本が「防衛予算増」「人員増」の決断をしなければ「11年後の日本はない」と知るべきです。

そのために、国家として、まさしく「政治主導」の安全保障戦略を描く必要があり、また、その方向性を妥当なものにするために、大世論が喚起される必要があります。

防衛省・自衛隊では近年、涙ぐましい努力をして「ムダ削減」に努めています。特に人数の多い陸自は（多数が必要な理由はご理解頂いたと思いますが）、節約のために真冬も夕方から暖房を止め、入浴も制限しているほどです。モノを買うお金がなく、装備品のみならず文房具などを自腹で買うなどは日常茶飯事です。

それでも探せばムダはある？　そうかもしれません。しかし、「仕分け」「断捨離」などと言われてはいますが、国防にはその考え方がそぐわないということを、「平和を望む」国民は今、理解をし始めなければならないでしょう。

そうでなければ、10年後の悪夢を避けられないのです。

付録

東日本大震災と原発事故における自衛隊の活動

人員　約106250名
航空機　495機
艦艇　53機
即応予備自衛官、予備自衛官を含む

*

陸災部隊

人員　約70000名
航空機　75機
東北方面隊対処部隊／北部方面隊／東部方面隊／中部方面隊／西部方面隊／大臣直轄部隊等

海災部隊

人員　約14200名
現場兵力　53隻
航空機　200機
横須賀地方隊対処部隊／自衛艦隊／各地方隊／システム通信隊等

空災部隊

人員　21600名
航空機　約220機
航空支援集団／航空教育集団／補給本部等

原子力災部隊

人員　約450名
中央即応集団対処部隊／各方面隊（化学科部隊等）／海自部隊の一部／空自部隊の一部

米軍支援兵力

人員　約1400名
航空機　約40機

*

Special Thanks to Operation TOMODACHI

米軍

人員　約16000名
航空機　140機
艦艇　15隻
陸軍（ＵＳＡＲＪ）／海軍（第７艦隊）／空軍（13空軍）／海兵隊（ⅢＭＥＦ）

*

JTF-TH（東日本大震災統合任務部隊／Joint Task Force-Touhoku）司令部の編成

東北方面総監部組織

防衛部（企画・総括班、部隊運用班）／装備部（後方運用、装備、需品、施設）／総務部（人事部、情報部）／医務官／法務官／監察官／政策補佐官

政府・県庁等との連絡調整

岩手県連絡調整所／宮城県方面連絡調整所／石巻方面連絡調整所／福島県方面連絡調整所

調整機能

統合航空統制・調整所／統合通信調整所／統合輸送調整所／海災部隊連絡調整グループ／空災部隊連絡調整グループ／統合運用連絡所／民生支援セル／施設調整所／日米調整所

連絡調整機能

陸幕連絡幹部／各師団等連絡幹部

＊

人命救助 19286 名
遺体収容 9505 体
衛生等支援 23370 名
給水支援 32985 トン
給食支援 5005484 食
入浴支援 1092526 名

＊

自衛隊のみなさん、ほんとうにありがとう。

大震災発生から大規模震災災害派遣終了までの スクランブルなど自衛隊対処事案

3月17日 ロシアIL-20型 1機

3月21日 ロシアSu-27型 1機

ロシアAn-12型 1機

3月29日 ロシアIL-20型 1機

3月26日 東シナ海中部海域で警戒監視中の護衛艦「いそゆき」に対して中国航空機が接近、周回。

4月 1日 東シナ海中部海域で警戒監視中の護衛艦「いそゆき」に対して中国航空機が接近、周回。

5月 5日 上対馬の東約45㎞を南西進するロシアのミサイル駆逐艦等2隻を確認。

5月 5日 宗谷岬の西約170㎞を北東進するロシアの原子力潜水艦等2隻を確認。

5月19日 下対馬の南西約100㎞を北東進するロシアのミサイル駆逐艦1隻を確認。

5月26日 ロシアIL-20型 1機

6月 1日 ロシアIL-20型 1機

6月 8日 宮古島の北東約100㎞を東シナ海から太平洋に向けて中国のミサイル駆逐艦3隻等、計5隻が南東進。同日、同海域で中国の補給艦等、計3隻を確認。

6月 9日 宮古島の北東約100㎞を東シナ海から太平洋に向けて南東進する中国のフリゲート3隻を確認。

6月10日 下対馬の南西約100㎞を北東進するロシアのウダロイI級ミサイル駆逐艦等2隻を確認。

6月23日 宮古島の北東約110㎞を東シナ海に向けて北西進する中国のミサイル駆逐艦3隻等、計11隻を確認。

7月 4日 中国Y-8（情報収集機型） 1機

7月 7日 中国Y-8（情報収集機型） 1機

7月27日 下対馬の西約50㎞の海域を北東進する中国のフリゲート等2隻を確認。

7月30日 中国Y-8（情報収集機型） 1機

8月 5日 沖縄本島の北西約500㎞の東シナ海中部海域で中国の新型潜水艦を確認。

8月 9日 上対馬の東約50㎞を南西進する中国のフリゲート等2隻を確認。

8月12日 ロシアIL-20型 1機

8月24日 ロシアTU-22型 2機

産経NF文庫

日本に自衛隊がいてよかった

二〇一九年三月二十二日　第一刷発行

著　者　桜林美佐
発行者　皆川豪志
発行・発売　株式会社　潮書房光人新社
〒100-8077　東京都千代田区大手町一-七-二
電話／〇三-六二八一-九八九一(代)
印刷・製本　凸版印刷株式会社
定価はカバーに表示してあります
乱丁・落丁のものはお取りかえ致します。本文は中性紙を使用

ISBN978-4-7698-7009-8　C0195
http://www.kojinsha.co.jp

本書は、『夕刊フジ』の連載「誰かのために」
を再編集し、第二部を加筆したものです。

単行本　平成二十三年九月　産経新聞出版刊

産経NF文庫の既刊本

日本が戦ってくれて感謝しています
アジアが賞賛する日本とあの戦争
井上和彦

インド、マレーシア、フィリピン、パラオ、台湾……日本軍は、私たちの祖先は激戦の中で何を残したか。金田一春彦氏が生前に感激して絶賛した「歴史認識」を辿る旅——涙が止まらない！　感涙の声が続々と寄せられた15万部突破のベストセラーがついに文庫化。

定価〈本体860円＋税〉 ISBN978-4-7698-7001-2

日本が戦ってくれて感謝しています2
あの戦争で日本人が尊敬された理由
井上和彦

第1次大戦、戦勝100年「マルタ」における日英同盟を序章に、読者から要望が押し寄せたインドネシア——あの戦争の大義そのものを3章にわたって収録。日本人は、なぜ熱狂的に迎えられたか。歴史認識を辿る旅の完結編。15万部突破ベストセラー文庫化第2弾。

定価〈本体820円＋税〉 ISBN978-4-7698-7002-9

産経NF文庫の既刊本

国会議員に読ませたい 敗戦秘話

政治家よ！ もっと勉強してほしい

産経新聞取材班

敗戦という国家存亡の危機からの復興、そして国際社会で名誉ある地位を築くまでになったわが国――なぜ、日本は今、繁栄しているのか。国会議員が戦後の真の歴史を知らずして、この国を動かしているとしたら、日本国民としてこれほど不幸なことはない。

定価〈本体820円＋税〉 ISBN978-4-7698-7003-6

国民の神話

日本人の源流を訪ねて

産経新聞社

乱暴者だったり、色恋に夢中になったりと、実に人間味豊かな神様たちが多く登場し、躍動します。感受性豊かな祖先が築き上げた素晴らしい日本を、もっともっと好きになる一冊です。日本人であることを楽しく、誇らしく思わせてくれるもの、それが神話です！

定価〈本体820円＋税〉 ISBN978-4-7698-7004-3

産経NF文庫の既刊本

総括せよ！ さらば革命的世代
50年前、キャンパスで何があったか
産経新聞取材班

半世紀前、わが国に「革命」を訴える世代がいた。当時それは特別な人間でも特別な考え方でもなかった。にもかかわらず、彼らは、あの時代を積極的に語ろうとはしない。彼らの存在はわが国にどのような功罪を与えたのか。そもそも、「全共闘世代」とは何者か？

定価〈本体800円＋税〉 ISBN978-4-7698-7005-0

金正日秘録
なぜ正恩体制は崩壊しないのか
龍谷大学教授 李 相哲

米朝首脳会談後、盤石ぶりを誇示する金正恩。正恩の父、正日はいかに権力基盤を築き、三代目へ権力を譲ったのか。機密文書など600点に及ぶ文献や独自インタビューから初めて浮かびあがらせた、2代目独裁者の「特異な人格」と世襲王朝の実像！

定価〈本体900円＋税〉 ISBN978-4-7698-7006-7

産経NF文庫の既刊本

中国人が死んでも認めない 捏造だらけの中国史

黄 文雄

真実を知れば、日本人はもう騙されない！中国の歴史とは巨大な嘘！中華文明の歴史が嘘をつくり、その嘘がまた歴史をつくる無限のループこそが、中国の主張する「中国史の正体」なのである。だから、一つ嘘を認めれば、歴史を誇る「中国」は足もとから崩れることになる。

定価〈本体800円＋税〉 ISBN978-4-7698-7007-4

神武天皇はたしかに存在した

神話と伝承を訪ねて

産経新聞取材班

（神武東征という）長旅があって初めて、天照大御神の孫のニニギノミコトを地上界での祖とする皇室は大和に至り、天皇と名乗って「天の下治らしめしき」ことができたのである。東征は、皇室制度のある現代日本を生んだ偉業、そう言っても過言ではない。（序章より）

定価〈本体810円＋税〉 ISBN978-4-7698-7008-1